国家出版基金资助项目
"十三五"国家重点图书出版规划项目
湖北省学术著作出版专项资金资助项目
智能制造与机器人理论及技术研究丛书

总主编　丁汉　孙容磊

增强现实交互方法与实现

何汉武　吴悦明　陈和恩◎编著

ZENGQIANG XIANSHI JIAOHU FANGFA

YU SHIXIAN

http://www.hustp.com

中国·武汉

内 容 简 介

本书是广东省虚拟现实及可视化工程技术研究中心课题组在增强现实领域多年研究成果的总结,特别总结了在国家自然科学基金委员会资助下取得的成果("增强现实装配操作空间的深度感知理论与方法研究",编号:51275094)。本书从增强现实人机交互的特点出发,系统阐述了增强现实交互方法的基本原理、模型、主要技术与典型应用的实现,着重论述基于视觉、外设、体感及触摸屏四种典型人机交互方式的原理、方法与具体实现技术。主要内容包括:增强现实的理论基础与设备;基于标识、数据手套、机器视觉、移动终端的增强现实交互方法;增强现实应用系统开发案例。本书注重理论与实践相结合,五个与工业应用相关的增强现实典型应用案例均来源于实际科研项目,读者可从中全面了解与掌握增强现实系统人机交互的设计思路、软硬件构成、建模方法、关键技术实现方法、编程开发要点等。

本书可作为增强现实领域从事科研、技术开发人员的参考书和培训教材,也可供相关专业的研究生或高年级本科生使用。

图书在版编目(CIP)数据

增强现实交互方法与实现/何汉武,吴悦明,陈和恩编著.—武汉:华中科技大学出版社,
2018.12
(智能制造与机器人理论及技术研究丛书)
ISBN 978-7-5680-4846-0

Ⅰ.①增… Ⅱ.①何…②吴…③陈… Ⅲ.①人-机系统-研究 Ⅳ.①TB18

中国版本图书馆 CIP 数据核字(2018)第 294517 号

增强现实交互方法与实现　　　　　　　　　何汉武　吴悦明　陈和恩　编著
ZENGQIANG XIANSHI JIAOHU FANGFA YU SHIXIAN

策划编辑:俞道凯
责任编辑:吴　晗
封面设计:原色设计
责任监印:周治超
出版发行:华中科技大学出版社(中国·武汉)　　　电话:(027)81321913
　　　　　武汉市东湖新技术开发区华工科技园　　　邮编:430223
录　　排:武汉三月禾文化传播有限公司
印　　刷:湖北新华印务有限公司
开　　本:710mm×1000mm　1/16
印　　张:16
字　　数:263 千字
版　　次:2018 年 12 月第 1 版第 1 次印刷
定　　价:128.00 元

智能制造与机器人理论及技术研究丛书

专家委员会

主任委员 熊有伦（华中科技大学）

委　员 （按姓氏笔画排序）

卢秉恒（西安交通大学）　　朱　荻（南京航空航天大学）　　阮雪榆（上海交通大学）

杨华勇（浙江大学）　　　　张建伟（德国汉堡大学）　　　　邵新宇（华中科技大学）

林忠钦（上海交通大学）　　蒋庄德（西安交通大学）　　　　谭建荣（浙江大学）

顾问委员会

主任委员 李国民（佐治亚理工学院）

委　员 （按姓氏笔画排序）

于海斌（中国科学院沈阳自动化研究所）　　　　王飞跃（中国科学院自动化研究所）

王田苗（北京航空航天大学）　　　　　　　　　尹周平（华中科技大学）

甘中学（宁波市智能制造产业研究院）　　　　　史铁林（华中科技大学）

朱向阳（上海交通大学）　　　　　　　　　　　刘　宏（哈尔滨工业大学）

孙立宁（苏州大学）　　　　　　　　　　　　　李　斌（华中科技大学）

杨桂林（中国科学院宁波材料技术与工程研究所）　张　丹（北京交通大学）

孟　光（上海航天技术研究院）　　　　　　　　姜钟平（美国纽约大学）

黄　田（天津大学）　　　　　　　　　　　　　黄明辉（中南大学）

编写委员会

主任委员 丁　汉（华中科技大学）　　孙容磊（华中科技大学）

委　员 （按姓氏笔画排序）

王成恩（上海交通大学）　　　方勇纯（南开大学）　　　　　史玉升（华中科技大学）

乔　红（中国科学院自动化研究所）　孙树栋（西北工业大学）　　杜志江（哈尔滨工业大学）

张定华（西北工业大学）　　　张宪民（华南理工大学）　　　范大鹏（国防科技大学）

顾新建（浙江大学）　　　　　陶　波（华中科技大学）　　　韩建达（南开大学）

蔺永诚（中南大学）　　　　　熊　刚（中国科学院自动化研究所）　熊振华（上海交通大学）

作 者 简 介

▶ **何汉武** 教授,博士生导师。现任广东工贸职业技术学院院长,广东省虚拟现实及可视化工程技术研究中心主任,广东工业大学现代制造与智能装备虚拟仿真实验教学中心主任,中国人工智能学会智能制造专业委员会副主任。曾入选广东省"千百十"人才工程省级培养对象,2007年被评为广东省南粤优秀教师。曾作为访问学者分别在香港理工大学制造工程系(1999—2000年),英国利物浦大学(2005年)从事合作研究。

主要研究领域为数字化设计与制造、增强现实交互技术与装备、虚拟医疗手术及装备、医疗康复工程、康复机器人等。承担国家"863"计划项目、国家自然科学基金项目、国家科技重大专项及广东省科技计划项目的研究工作。曾获国家科技进步奖三等奖1项,教育部科技进步奖二等奖1项,广东省科技进步奖一等奖1项。获国家级教学成果奖二等奖1项,广东省教学成果奖一等奖2项。

▶ **吴悦明** 工学博士,助理研究员。现任广东工业大学机电工程学院实验中心副主任。主要研究领域为虚拟现实与增强现实及其在工业中的可视化应用。主持广东省科技计划项目、企业委托项目等多项,作为主要参与人参与国家自然科学基金项目、国家科技重大专项等,获得多项专利授权。曾获珠海市科学技术进步奖三等奖。

▶ **陈和恩** 工学博士,广东工业大学讲师。主要从事计算机视觉、SLAM、增强现实的基础理论和应用技术研究。参与多个国家基金项目、教育部博士点基金项目、广东省科技计划项目的研究工作,获得多项专利授权。在国内外期刊上已发表论文30多篇,现为Cogent Engineering审稿人。

总序

　　近年来,"智能制造+共融机器人"特别引人瞩目,呈现出"万物感知、万物互联、万物智能"的时代特征。智能制造与共融机器人产业将成为优先发展的战略性新兴产业,也是中国制造 2049 创新驱动发展的巨大引擎。值得注意的是,智能汽车与无人机、水下机器人等一起所形成的规模宏大的共融机器人产业,将是今后 30 年各国争夺的战略高地,并将对世界经济发展、社会进步、战争形态产生重大影响。与之相关的制造科学和机器人学属于综合性学科,是联系和涵盖物质科学、信息科学、生命科学的大科学。与其他工程科学、技术科学一样,制造科学和机器人学也是将认识世界和改造世界融合为一体的大科学。20 世纪中叶,*Cybernetics* 与 *Engineering Cybernetics* 等专著的发表开创了工程科学的新纪元。21 世纪以来,制造科学、机器人学和人工智能等异常活跃,影响深远,是"智能制造+共融机器人"原始创新的源泉。

　　华中科技大学出版社紧跟时代潮流,瞄准智能制造和机器人的科技前沿,组织策划了本套"智能制造与机器人理论及技术研究丛书"。丛书涉及的内容十分广泛。热烈欢迎专家、教授从不同的视野、不同的角度、不同的领域著书立说。选题要点包括但不限于:智能制造的各个环节,如研究、开发、设计、加工、成型和装配等;智能制造的各个学科领域,如智能控制、智能感知、智能装备、智能系统、智能物流和智能自动化等;各类机器人,如工业机器人、服务机器人、极端机器人、海陆空机器人、仿生/类生/拟人机器人、软体机器人和微纳机器人等的发展和应用;与机器人学有关的机构学与力学、机动性与操作性、运动规划与运动控制、智能驾驶与智能网联、人机交互与人机共融等;人工智能、认知科学、大数据、云制造、物联网和互联网等。

　　本套丛书将成为有关领域专家、学者学术交流与合作的平台,青年科学家茁壮成长的园地,科学家展示研究成果的国际舞台。华中科技大学出版社将与施普林格（Springer）出版集团等国际学术出版机构一起，针对本套丛书进行全球联合出版发行，同时该社也与有关国际学术会议、国际学术期刊建立了密切联系，为提升本套丛书的学术水平和实用价值，扩大丛书的国际影响营造了良好的学术生态环境。

近年来，各界人士、高校师生、各领域专家和科技工作者对智能制造和机器人的热情与日俱增。这套丛书将成为有关领域专家、学者、高校师生与工程技术人员之间的纽带，增强作者、编者与读者之间的联系，加快发现知识、传授知识、增长知识和更新知识的进程，为经济建设、社会进步、科技发展做出贡献。

最后，衷心感谢为本套丛书做出贡献的作者、编者和读者，感谢他们为创新驱动发展增添正能量、聚集正能量、发挥正能量。感谢华中科技大学出版社相关人员在组织、策划过程中的辛勤劳动。

华中科技大学教授

中国科学院院士

熊有伦

2017 年 9 月

前言

　　增强现实(augmented reality)技术旨在增强人类的感知能力。随着相关技术(如图像图形处理技术、模式识别技术、多媒体技术、信息技术等)以及显示与跟踪设备的高速发展,增强现实技术开始迈出实验室,在医疗、交通、教育培训、航天、工业维修等领域得到初步的应用。乐观者甚至预言,不久的将来增强现实终端有可能会取代智能手机等移动终端,成为下一代智能计算与显示平台,在各个专业领域得到大规模应用,并将以颠覆性的方式改变人对世界的认知手段,从而极大地改变我们的生活方式。

　　诚然,科学需要幻想,但新技术的进步和应用更需要脚踏实地的探索和实践。本书作者团队自1999年开始涉足虚拟现实领域的探索,并一直将重点聚焦在增强现实交互方法、交互设备及增强现实应用系统的开发上面。近年来,本书作者所在课题组先后承担了与增强现实研究相关的国家自然科学基金项目、国家科技重点研发计划项目、国家质量监督检验检疫总局项目、广东省科技计划项目、广州市科技计划项目和企业委托开发项目等一批研究开发项目,积累了一些增强现实技术研究和增强现实应用系统开发的经验。本书作者所在课题组还在广东工业大学开设了"虚拟现实技术原理与应用"的研究生课程及适应不同专业本科生选修的"走进虚拟现实"课程。为了便于正在从事增强现实相关研究工作的研究生和技术研发人员更加深入地了解增强现实、开发增强现实应用系统,遂产生了编撰此书的想法。

　　本书着眼于增强现实交互理论及其实现方法,对制约增强现实交互性水平的核心技术的"注册技术"进行了较为系统的介绍和研究,包括增强现实注册的空间坐标体系架构、理论模型、关键参数、求解方法、注册稳定性的影响要素分析等。此举的目的是为读者呈现增强现实注册的完整模型,并帮助其把握增强现实注册的核心问题和内在本质,为研究新的注册算法和开发增强现实应用系统打下基础。至于对增强现实交互方法的研究,本书力图既呈现相对传统的交互方法(如基于标志的交互),又呈现最新的研究成果(如基于自然特征点的注册、视觉交互等)。理论联系实际是编著本书遵循的一个基本原则,因此结合作者团队的应用开发项目,本书较为系统地将增强现实应用系统开发的基本思路、基本流程,以及如何应用本书的理论模型与算法等都一一呈现给读者。希望读者能够通过本书掌握基本原理、理论与方法,并能够从中学习到实际工程应用系统的开发技术,共同推动增强现实技术的创新与应用。

多年来,本书作者及所在课题组在虚拟现实与增强现实研究中获得了多项研究基金和研究计划项目的资助,其中有国家自然科学基金项目、广东省科技计划项目、广州市科技计划项目、国家质量监督检验检疫总局项目等的资助。作者对这些研究基金和研究计划给予的资助表示衷心的感谢!本书的研究成果得益于作者所在的课题团队,需要特别感谢李晋芳副教授、胡兆勇副教授、莫建清讲师、韦宇炜讲师、杨贤助理研究员为营造良好团队氛围所起的带头作用!二十多年来,大家彼此尊重,崇尚学术,无论在何种境况下都保持了对虚拟现实/增强现实研究的专注,并积极将技术付诸应用。此外,还要感谢为团队研究做出贡献的历届博士生、硕士生!

武汉理工大学陈定方教授、华中科技大学孙容磊教授等专家审阅了本书,他们对书稿的完善提出了很多宝贵建议,在此表示最诚挚的谢意!感谢课题组朱腾博士后、梁剑斌博士、陈永彬博士、邹序焱博士等在本书撰写过程中提供的支持与帮助!他们为本书的付梓做出了很大的贡献。

增强现实内容十分广泛,涉及诸多学科领域,在发展过程中有些概念和提法还不统一,加之作者水平有限,书中不妥之处在所难免,恳请读者批评指正!

作者

2018 年 12 月于广州

目　　录

第1章
绪 论

1.1 增强现实概述

1.1.1 增强现实的内涵

增强现实（augmented reality，AR）技术是在虚拟现实（virtual reality，VR）技术的基础之上发展起来的一种能把计算机生成的信息（二维图形文字信息或三维图像信息等）叠加到真实环境中，从而起到有效强化人们对真实场景的感觉和认识的新技术。其概念由 Wellner 等人[1]在 1993 年首次提出。增强现实技术在初期定义被局限为应用透视式头盔显示器对真实场景进行信息增强的技术，其对用户的感知也仅仅局限于视觉上的增强。随着增强现实技术的进一步研究与深化，特别是多媒体技术的长足发展，经 Milgram[2]、Ronald 等人对增强现实技术及其应用系统的定义进行了进一步的完善与扩展后，学术界普遍认同的一个观点是增强现实技术必须具有三个基本特征[3]：虚实融合、实时交互以及三维注册。这一观点的提出令增强现实技术不再局限于某一种特定的技术，不仅仅是在视觉上进行增强，而且还可以是对声音、触觉、味觉以及嗅觉等方面的增强[4]。

Milgram 等在 1994 年设计了一个虚拟现实连续体（virtuality continuum）模型，如图 1.1 所示。根据该模型的描述，从虚拟到现实是连续且没有突破的。根据 Milgram 的定义，增强现实是整个连续体上的一个阶段，它是把少量虚拟对象添加到真实环境中，并通过虚拟对象增强人类对真实环境的感知与理解。当虚拟对象比真实物体还要多的时候，则被称为增强虚拟（augmented virtuality）。混合现实（mixed reality，MR）则包含了增强现实与增强虚拟，即同一体验环境中只要既有虚拟对象又有真实物体,就可以被认为是混合现实。

图 1.1　虚拟现实连续体

随着增强现实技术逐步从实验室走向实际应用,并受到媒体关注,大众对增强现实与混合现实的认知开始发生较大的变化,二者的概念也开始发生变化。增强现实逐渐被认为是通过透视式设备(如手机、平板电脑、视频透视式眼镜或光学透视式眼镜等)把计算机所产生的数字信息简单地叠加在真实世界之上,以达到增强用户对真实世界的理解的目的的技术。这里所说的增强现实不一定需要满足实时交互的要求。而混合现实则与学术界所定义的严格意义上的增强现实概念基本一致,即计算机所产生的数字信息(三维模型或二维图像等)需要与真实环境完全融合(即虚拟物体与真实世界实现几何一致与光照一致)并具有高效可靠的实时交互能力。比较有代表性的是:微软在推出HoloLens 头显装置时,再三强调该装置是混合现实装置,以此与谷歌推出的增强现实眼镜区分开来。从虚拟物体与真实环境之间的融合方式来看,增强现实与混合现实之间的区别如图 1.2 所示。

只是简单地把三维模型叠加在真实世界之上　　　　三维模型与真实世界进行无缝融合

(a)增强现实　　　　　　　　　　　　(b)混合现实

图 1.2　增强现实与混合现实的区别

本书后面所介绍的增强现实技术包含了目前增强现实技术及混合现实技术的所有特点。

1.1.2　增强现实与虚拟现实的区别

如图 1.3 所示,增强现实技术虽然是在虚拟现实技术的基础上发展起来的,与虚拟现实技术有着一定的共同点,但却又与虚拟现实技术有着明显区别[5,6]。

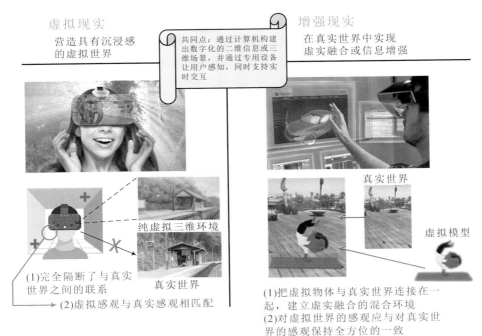

图 1.3　虚拟现实与增强现实之间的异同

1. 与真实环境之间的关系不一样

　　虚拟现实强调把用户与真实环境完全隔离开来,从而使用户完全沉浸于计算机所生成的虚拟环境中去。而增强现实则强调虚拟物体与真实环境之间的相互融合,它强调通过虚拟物体(或文字等)对真实环境进行补充,以增强用户对真实环境的体验。

2. 关于注册精度的含义不一样

　　在虚拟现实系统中,注册精度主要是指虚拟环境与用户实际感观的相匹配程度。而在增强现实系统中,注册精度则主要是指虚拟物体与真实环境之间的全方位对准程度[7]。直观地说,一个人在真实世界以 5 km/h 的速度在跑,在虚拟现实系统中,可以让他觉得自己是以 100 km/h 的速度在"飞奔",而在增强现实系统中,却仍然只能让他感觉自己是以 5 km/h 的速度在跑。即虚拟现实系统仅强调感观上的匹配,用户进行了跑的动作,其在虚拟现实系统中就应该要有跑的感觉,但速度等尺度并不要求与真实一致,而增强现实系统却要求所有尺度都必须完全一致。

1.1.3 增强现实的特点

作为虚拟现实技术的一个分支,增强现实技术不仅继承了虚拟现实技术的特点,并且还具有虚实结合的特点。因此,相对于虚拟现实技术,增强现实技术具有以下的优势。

1. 计算机对虚拟物体的描述更简练、更集中[8]

由于增强现实系统并不是要把用户与真实环境完全隔离开来,因而计算机不需要再构建一个庞大而复杂的虚拟场景,只需集中于对关键的虚拟物体的显示与处理上,从而减轻了计算机的图形处理压力,使系统对虚拟物体的管理更简洁、更高效。

2. 沉浸感、真实感更强[9]

增强现实技术利用真实的场景作为背景,将虚拟物体放置在真实的环境之中与用户进行各种不同类型的交互,相对虚拟现实技术而言,能让用户产生更强的沉浸感。

增强现实技术克服了传统沉浸式虚拟现实技术所存在的诸如图形处理压力大、显示清晰度不足以及用户无法与真实世界取得联系等问题,为工业设计、模拟实验、医疗辅助、军事等方面的图形实现提供了新方法、新思路。

1.2 增强现实人机交互技术所面临的挑战

从本质上讲,虚拟现实与增强现实都是借助计算机信息技术生成的虚拟世界来实现人与数字世界的之间的交互,从而强化人对现实世界的体验与认知。因此,尽管虚拟现实与增强现实两者之间具有诸多明显的不同,但还都具有"交互性"这一共同特征。虚拟现实、增强现实将为未来的信息系统和信息世界提供一种革命性的操作界面,必将改变目前我们仍在使用的通过二维的输入设备(鼠标、键盘)或二维触摸屏与计算机进行交互的传统人机交互方式,也必将改变诸如产品设计、设备(生活设施)操作与管理、培训学习等过程中的人机交互方式。增强现实不仅仅带来了人与信息世界进行交互的视觉体验上的变革(不再受限于屏幕上显示),更重要的是它还带来了人与计算机交互方式的重大变革。正因为如此,研究增强现实人机交互方法与技术就显得尤为必要,而实现的关键则需要解决三维注册、虚实融合与实时交互这三个核心问题。

1. 三维注册

注册问题即如何使虚拟物体在真实环境中进行精确的配准。

增强现实技术的首要任务就是要把三维虚拟物体实时地、连续地正确放置到真实环境中去[3]。因此,三维注册技术是增强现实系统实现的前提与基础,是决定增强现实系统性能优劣的关键。虽然从增强现实技术诞生那天开始,研究者们就对三维注册算法进行了长期的研究,但至目前为止,还没有一种比较通用的注册算法与技术。稳定、精确、实时地进行三维注册仍然是增强现实技术面临的一个很大的挑战。

目前,常见的三维注册技术主要有三种[10]:① 基于方位传感器的三维注册;② 基于计算机视觉的三维注册;③ 混合跟踪注册。

基于方位传感器的三维注册主要利用方位跟踪传感器来检测真实世界里的增强现实系统使用者的方向和位置,以便保持虚拟空间和真实空间的连续性,实现精确配准与虚实图像的整合。使用不同的方位跟踪器,会为三维注册带来不同的优缺点。例如,使用磁传感器的三维注册具有设备轻便、易于携带且注册精度与刷新率较高等优点,但容易受到环境、金属的影响,应用范围一般也只有 3 m 左右。而使用惯性跟踪器进行三维注册则具有理论上应用范围无限大,不受环境、金属等因素影响等优点,但却容易产生累积误差,并且物体如果长时间不动会产生较大的累积误差。一般而言,由于方位传感器的价格相对昂贵,且检测方式属于开环检测,难以有效修正检测误差,造成注册精度较低,所以单独使用方位传感器进行三维注册的增强现实应用系统相对较少。

基于计算机视觉的三维注册方法[11-13]是利用计算机视觉理论对摄像头所捕捉到的视频帧进行实时处理,计算出摄像头在三维空间中所处的位置与姿态,进而获得体验者当前的方向与位置,以保持虚拟空间和真实空间的连续性,实现与虚实图像整合的方法。这种方法最初采用在场景中添加特定的标识,计算机通过对这些标识进行检测来测算出摄像头在三维空间的方位。这种方法的算法实现相对简单,因而广泛应用于各类室内增强现实系统中。但这种方法的最大弊端在于所添加的特定标识影响了用户的观感,而且会因特定标识被遮挡或没有进入到摄像头视野范围内而失效。有鉴于此,近年来越来越多的研究者开始研究或改良这种方法,以降低或消除基于特定标识的注册方法的不足。基于自然特征的注册方法是一个主流方向[14]。这种方法的基本思路是利用真实环境中的特征点、线等作为标识去估算摄像头的位置。该方法的最大好处是不需要在环境中安装任何额外的特别标识,用户体验效果最佳且不需要额外增加安装特定标识的成本。

基于计算机视觉的三维注册方法具有硬件成本低,系统构成简单(只需一个或多个摄像头即可),检测精度相对于基于方位传感器而言比较高等优点,但是,这种方法也存在着以下几点的不足:

① 运算量较大,占用了较多的 CPU 运算时间;

② 容易受到环境光照的影响,使用范围受到摄像头视野范围的限制。

如前所述,无论是基于方位传感器的三维注册方法还是基于计算机视觉的三维注册方法均有其优缺点。因此,人们开始尝试把两种或以上的注册技术结合起来以减少或消除单一注册技术的不足。可以说,采用混合跟踪注册方法是目前改良增强现实系统的跟踪注册技术的最佳解决途径。由于基于计算机视觉的跟踪注册技术具有很高的跟踪注册精度,因此,现时大部分的混合跟踪注册技术都是用其他的方位跟踪设备与基于计算机视觉的跟踪注册技术相结合,以消除基于计算机视觉的跟踪注册技术运算量大、刷新率低等缺点。

2. 虚实融合

虚实融合实质上就是增强用户体验的真实感,即向用户呈现具有高度逼真感的虚实融合的新环境,使用户难以分辨出哪些是真实的物体,哪些是计算机生成的虚拟景象。

虽然三维注册技术解决了如何把虚拟物体正确放置到真实环境中的问题,但要让虚拟物体与真实环境很好地融合在一起,让用户难以分辨出哪些是虚拟物体,哪些是真实物体,单单把虚拟物体正确放置在真实环境中显然并不足够。为提高虚实融合效果,除了把虚拟物体正确放置在真实环境中,还需要保证虚拟物体与真实环境的光照一致性,保证虚拟物体与真实物体之间遮挡关系被正确地处理等[15,16]。由此可见,如何提高虚实融合效果是增强现实技术所面临的第二个问题。

计算机要绘制出与真实环境光照保持一致的虚拟物体的关键是能够对真

实环境中的光源位置及其强度进行正确的检测[17,18]。从所查到的相关文献来看，与光源检测相关的研究还比较少。其中相当一部分是利用多张不同光照条件下拍摄的同一视角的照片来重构场景的光学模型。这种方法一般需要数分钟甚至数小时的准备过程来生成场景的光学模型，难以满足实时性要求相对比较高的增强现实系统的使用需求。

对增强现实系统来说，真实环境的光照状况的正确检测及其光照模型的建立是其生成动态阴影，渲染出能与真实环境融为一体的虚拟物体的前提与基础。除了渲染质量提高外，要让用户难以分辨出增强现实环境中哪些物体是真实的，哪些物体是虚拟的，单靠添加阴影，提高渲染质量并不足够，还必须正确处理虚拟物体与真实物体之间的遮挡关系，这样才能真正使虚拟物体与真实环境融为一体[19]。

虚拟物体与真实物体之间的遮挡关系一般的处理方法主要有以下三种。

第一种是对真实物体进行深度检测，然后把所求出的深度值与虚拟物体的深度值进行比较，从而得出虚拟物体与真实物体之间的遮挡关系。该方法的难度在于如何能够实时地计算出真实物体到摄像头处的深度值。测量深度值的方法一般有两种：一种是采用两个或两个以上的摄像头进行深度检测，通过缩小立体匹配的搜索范围或减小需要分析的视频帧的尺寸的方法来达到或逼近实时性的要求。另一种方法是采用轮廓检测等方法来进行深度检测，这种方法的实时性较好，但检测精度高低取决于边缘轮廓是否能被准确地提取出来。

第二种方法则是为每一个真实物体建立一个虚拟替身，这样虚拟物体与真实物体之间的遮挡关系就被转化成虚拟物体之间的遮挡关系。这种方法的优点在于遮挡处理速度快，实时性好，易于实现。这种方法一般适用于刚性物体，对于可变形的物体（如人手等），因为很难为其每一个状态都配搭相应的虚拟替身而无法实现。

第三种方法是实时计算出真实物体的三维空间位置，然后判断虚拟物体是否被真实物体遮挡，如果是，则把真实物体遮挡虚拟物体的相关部分单独分割出来，然后在虚拟物体前面显示出来，达到真实物体对虚拟物体遮挡的效果。

3. 交互问题

交互问题即如何能让用户通过自然、直观、高效的方式与计算机进行交互，使用户在虚实融合的新环境中得到更好的体验[20]。

人机交互技术的目标是使用适当的隐喻映射用户的输入到计算机的输出。这就需要考虑三个方面的因素：界面的输入组件、输出显示和交互隐喻。增强现实技术一方面增强了用户对真实世界的感知，另一方面也增强了用户与计算机、真实世界之间的交互。在交互方面，增强现实系统中用户操作的对象不仅有计算机产生的虚拟对象，而且还有真实物体。因此在增强现实环境下，不同于虚拟现实技术或二维图形用户接口（2D GUI）中只对虚拟（数字）对象的操作，其交互存在两个回路：一是用户对真实空间的操作，二是通过真实空间操作引发的虚拟对象的变化。这就存在一个交互的兼容（相容）性问题，只有用户的操作保证虚/实一致相容，才能有效地和增强现实环境进行交互，并完成特定的交互任务。如何保证用户操作的兼容性、在增强现实系统中实现自然直观的人机交互，是当前增强现实技术所面临的另一个重大的挑战。

目前，应用于增强现实系统的人机交互方式主要有以下几种。

（1）利用鼠标或触摸屏点击系统菜单或使用键盘进行交互。这种交互方式实现简单，开发与维护成本低，不会额外增加处理器对交互操作进行处理的时间。这种方法一般广泛应用于对真实环境信息进行强化的增强现实系统（如指导维修的增强现实系统、增强现实地图等）中。这种交互方式的缺点在于体验不够直观，与理想的交互手段还存在一定的差距。

（2）借助特定的标识进行交互。这种交互方式一般可实现对虚拟物体的放大、缩小、旋转、移动等操作，适用于增强现实的布局系统、装配训练系统等。相对第一种交互方式而言，这种交互方式更为直观自然，而且能够实现系统菜单或键盘无法或难以实现的功能。

（3）利用人的行为直接对虚拟物体进行交互。这种交互方式一般借助于数据手套等外设或利用计算机视觉的方法对人手的位置与姿势的含义[21,22]甚至是人的其他肢体语言等进行识别，从而判断出人当前行为所蕴含的目的，最后计算机根据行为的含义做出相对应的响应。这种交互方式相对前两种方式来说更为直观自然，是一种真正意义上的"以人为本"的交互方式。

1.3　增强现实在各行业的应用

1.3.1　增强现实在工业上的应用

增强现实技术并不像虚拟现实技术那样,把人与真实环境完全分隔开来,而是把虚拟对象与真实环境紧密结合在一起,从而增强使用者对真实环境的感观。所以,增强现实技术的出现为传统机械设计、机械制造等多方面的应用提供了新思路、新方法。

1. 在设备维修、操作培训及设备装配等方面的应用[23-26]

增强现实技术可以通过生动直观的方式(直接把文字信息、三维图形信息等叠加到真实环境中)告诉用户现在应该对哪一个零件进行装拆,如何进行操作,为解决维修人员、装配技术工人需要边查看资料边对设备进行装拆的问题提供了新思路。如在 1995 年欧洲计算机行业研究中心开发的注解系统中,用户可指向发动机模型的部件,而系统则显示所指向部件的名称[27]。2003 年 Zauner 等人[28]开发了 AR 辅助的逐步家具组装系统,其中 ARToolKit 用于头部跟踪和组件识别装配指令增强。2004 年 Yuan 等人[29]开发了基于 AR 的装配指导系统,使用虚拟交互式面板,其中装配操作员可以轻松地逐步完成预定义的装配计划/顺序,而不需要任何传感器方案或标识附在组件上。图 1.4 所示的是 Zauner 开发的一个基于增强现实技术的家具装配指导系统[28]。在该系统里,用户可以在指示面板上看到当前需要的操作信息、所要使用到的零配件等内容。同时,用户可通过主视窗观看到零配件应摆放在哪一个位置。该系统的缺点是每一块板材都必须粘贴一个特定的标识以作识别。

计算机生成
的三维模型

标定符号

指示面板

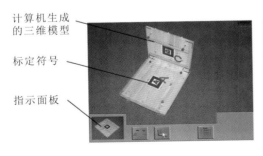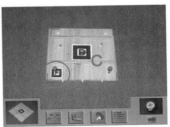

图 1.4　基于增强现实技术的家具装配指导系统

此外,德国著名汽车生产厂家——宝马公司提出了一套理想状态下的基于增强现实技术的汽车维修指引系统,如图 1.5 所示。该系统目前还处于研发当中,其最终目的是使操作者通过语音方式就能让维修指引系统实时显示出装拆步骤信息,并且能在无须查阅复杂难懂的操作手册的情况下实现对汽车的维修。

图 1.5　基于增强现实技术的汽车维修指引系统

2. 在产品设计实验与评测中的应用

增强现实技术可以用于对一些正在研发的产品进行实验与评测。如上海通用汽车厂开发了一个应用增强现实技术对汽车挡风玻璃进行性能评测的系统。用户坐在一个没有挡风玻璃的实验平台上(经改装过的汽车),戴上头盔,系统就会自动把设计好的虚拟挡风玻璃叠加到真实环境中去,让用户可以直观地感受加装挡风玻璃后对路面产生的变形是否能满足要求。其界面如图 1.6 所示。

图 1.6　基于增强现实技术的汽车挡风玻璃测试平台

注:该图为第一届中德虚拟现实及增强现实应用研讨会提供的图片。

3. 远程协作式的产品设计的应用

增强现实技术可以把在不同地区的设计人员的影像以及虚拟产品聚合到同一空间中去。用户可以在这个虚实融合的空间中进行相互交流并对产品的设计方案进行实时修改。英国 Glasses Direct 公司开发了一套基于增强现实技术的远程眼镜试戴系统——魔镜系统。用户只需要拥有一个普通的摄像头就可以在线试戴,如图 1.7 所示。

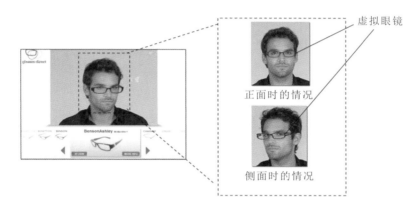

图 1.7　基于增强现实技术的魔镜系统

此外,Studierstube 公司开发出了一个面对面的产品协同设计系统。该系统采用磁跟踪器对多用户进行定位,使用户能够直观地对虚拟产品进行修改。其系统如图 1.8 所示。

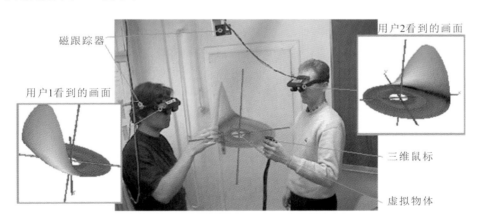

图 1.8　基于增强现实技术的产品协同设计系统

1.3.2 增强现实在医疗上的应用[30-33]

随着增强现实技术的发展,其在医学领域的应用体现出独特的优越性。增强现实技术广泛应用于康复医疗中。如英国阿尔斯特大学设计开发了基于 AR 的上肢康复游戏,利用移动虚拟物体来训练上肢运动功能的恢复和肌肉力量的增强[34]。Corrêa 等人[35]研究设计了一个增强现实音乐疗法辅助系统的原型,用于脑瘫儿童的康复训练。加州大学尔湾分校 Mousavi 等人[36]设计了针对脑卒患者手部康复的增强现实系统,针对日常生活设计了不同的任务,如手的伸展、倾斜、指示和抓取等动作。悉尼科技大学的 Aung 等人[37]设计了一套基于生物反馈的增强现实系统,该系统主要应用于上肢康复领域,通过增强现实技术在受伤手臂上叠加一个虚拟的手臂,并进行一系列的康复训练。

目前的增强现实技术的临床应用多集中于神经外科、颅颌面科和普外科中[38,39]。在临床医学中,依据患者的术前影像数据进行虚拟建模图,所以对于术中移动和形变较小的器官,如肝脏、颅骨等,有较好的效果,而对于不规则的器官如小肠、大肠等移动的器官则难以动态显示[40]。

增强现实技术具有增强用户对真实环境感知的能力,凭借这一点,增强现实技术最有可能革命性地颠覆医疗行业,特别是在手术指引方面。医生新手学习手术,也许再也不用担心没有足够的实操机会,他们可以随时用增强现实技术模拟手术,甚至实习医生不需要拿小动物来做临床试验。未来的外科医生只需要戴上增强现实设备,在其面前就能展现一个现实世界与虚拟信息相融合的画面,病人的每项生理数据都会展示在医生的视线里,先切除哪个部位,再切除哪个部位,一目了然,增加手术的安全保障。

Augmedics 公司于 2014 年 10 月在 YouTube 上发布了 *Ugmedics' ARGUS System—Augmented Reality Guided Surgery System* 的介绍视频(见图1.9),通过增强现实技术的帮助,患者的 CT 医学图像精准地叠加到患者的身体上,使得医生可以通过增强现实眼镜直接清楚地辨别出病人需要解剖的部位及其结构。该系统的第一个案例是脊椎外科手术,利用该系统,医生能更容易、更快、更安全地将螺钉插入到病人脊椎中。

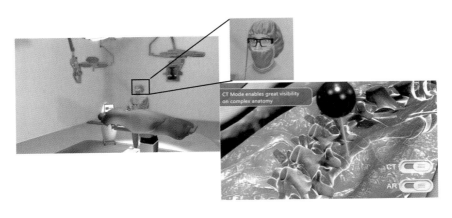

图 1.9　增强现实技术手术引导系统

1.3.3　增强现实在娱乐游戏行业中的应用

增强现实技术可广泛地应用在娱乐游戏中[41-43]，利用增强现实技术可以提高玩游戏者的沉浸感，使游戏更具吸引力，从而提高市场占有率。一款面向儿童的游戏设备——Hybrid Play（见图 1.10），该游戏设备有一个大夹子，玩游戏的时候把它夹在游乐设施上，游乐设施摇动、转动或者滑动时，Hybrid Play 捕捉到运动轨迹，将运动轨迹发送到手机上，然后与游戏中的场景进行交互。Hybrid Play 最大的特色就是将现实世界的游戏与虚拟世界的游戏结合在一起，通过传感器和游戏化元素等特殊的机制，能让孩子们在真实的游乐设施上玩耍时，体验到一些虚拟游戏的乐趣。

图 1.10　增强现实游戏 Hybrid Play

随着增强现实技术的发展，游戏行业也得到了快速的发展[44]。如韩国中央大学的 Lee 等人用一个摄像头开发研制了基于标识的增强现实壁球游戏。北京理工大学的温冬冬等人研制开发了基于特制红外标识的射击游戏 AR-Ghost

Hunter。著名的谷歌公司也开发了一个名为"Google Ingress"的游戏,利用 Google Map 可以让游戏玩家在室外进行游戏,占领标志性建筑物,通过场景的识别,把真实世界虚化成游戏世界的物体,从而进行游戏。在 Ingress 的模式中,玩家不仅可以和虚拟内容互动,还能在真实世界里组队打怪,如图 1.11 所示。

图 1.11　增强现实游戏"Google Ingress"

1.3.4　增强现实在教育行业中的应用

近年来,增强现实教育系统的研究已成为研究热点[45-48]。教育行业是目前最能体现出增强现实实力的领域,从一开始火爆的小白熊到现在的各种增强现实卡片秀,从当前的移动平板显示到未来的头戴式设备显示,增强现实技术将慢慢进入课堂,让虚拟的动画与实景空间融合,增强学习的体验感。如由大连新锐天地传媒有限公司开发的《AR 涂涂乐》,它将孩子的平面涂鸦变成跃然纸上的三维数字动画,实现有声有色地互动,更配有中英文双语发音,能学能玩,寓教于乐,如图 1.12 所示。日本索尼公司推出了一款利用 AR 技术实现交互式阅读的图书[49],该图书可以展现各种生动的模型动画。Aliev 等人开发了一款用于机械工程教育和培训的电子教材[50],该教材可以帮助读者更好地理解一些复杂的机械结构。2011 年 Rafal 等人[51]构建了一个用于教育领域的增强现实平台的增强现实学生卡,并定量地分析了学生利用该平台的学习效率,结果表明其可以显著提高学习效率。2013 年 Chuah 等人[52]开发了一个培训心理医生基本技能的增强现实教学辅助系统,把虚拟人物叠加到实际环境中去,学习者可以用语音、手势及表情等交流方式诊断培训(见图 1.13)。2014 年 Johnsen 等人[53]利用深度相机和运动检测设备搭建了虚实融合的教学辅助系统,帮助肥胖儿童去完成大量的工作从而达到减肥的效果,这样有利于提高肥胖儿童减肥的兴趣。

图 1.12 增强现实涂涂乐

图 1.13 用于心理医生培训的增强现实教学辅助系统

1.4 本书主要内容

本书主要介绍增强现实人机交互的相关软硬件设备,重点论述五种典型人机交互方式的原理、方法与具体实现技术及系统。全书各章节的具体安排如下。

第 1 章:主要是介绍增强现实技术的概念、目前面临的挑战,以及其在各行业中的应用。

第 2 章:主要介绍增强现实的理论基础,包括摄像机的跟踪与注册方法、增强现实场景的表达以及场景深度识别等方面内容。此外,还对增强现实技术所涉及的相关输入、输出设备进行了详细的介绍。

第 3 章：主要介绍基于预设标识的增强现实交互理论、关键技术，并讨论了基于标识注册算法的影响因素。

第 4 章：主要介绍基于数据手套的增强现实交互方法，具体包括数据手套功能分析、数据手套交互设计原理，以及基于数据手套的手势识别算法。

第 5 章：主要介绍基于机器视觉的徒手交互方法，包括其所涉及的基础理论与方法，基于体感摄像头 Kinect 传感器的交互方法与实现方法。也对基于普通 WebCam 摄像头的交互方法与实现方法进行了详细的介绍。

第 6 章：主要介绍移动增强场景的获取方法，在此基础上利用关键帧之间的约束对摄像头进行跟踪。还介绍了基于语义模型的 SLAM 方法，可以提高摄像机的跟踪精度。最后介绍了移动设备上的两种交互方法，一种是基于触摸屏的交互方法，另一种是基于视觉的交互方法。

第 7 章：选取了五个典型的增强现实案例并对其具体的开发过程进行了详细的介绍。这五个典型案例包括基于移动端的油泵拆装训练系统、基于数据手套的车间布局系统、正方形标识工具车间布局系统、体感交互技术在虚拟机器人示教中的应用以及基于 HoloLens 的布线辅助系统的设计与实现。

参 考 文 献

[1] WELLNER P，MACKAY W，GOLD R ． Computer-augmented environments：Back to the real world[J]. Special Issue of Communications of the ACM，1993，94(2)：170-172.

[2] MILGRAM P，KISHINO F. A taxonomy of mixed reality visual displays [J]. LEICE Transactions on Information ＆ Systems，1994，12（12）：1321-1329.

[3] AZUMA R T. A survey of augmented reality[J]. Presence：Teleoperators and Virtual Environments，1997，6(4)：355-385.

[4] CARMIGNIANI J，FURHT B，ANISETTI M，et al. Augmented reality technologies，systems and applications ［J］. Multimedia Tools ＆ Applications，2011，51(1)：341-377.

[5] AZUMA R，BAILLOT Y，BEHRINGER R，et al. Recent advances in

augmented reality[J]. IEEE Computer Graphics & Applications,2001,21
(6):34-47.

[6] WEGHORST S. Augmented reality and Parkinson's disease[J]. Communications
of the ACM,1997,40(8):47-48.

[7] 施琦,王涌天,陈靖.一种基于视觉的增强现实三维注册算法[J].中国图象
图形学报,2002(07):56-60.

[8] BOUD A C,HANIFF D J,Baber C,et al. Virtual reality and augmented reality
as a training tool for assembly tasks[DB/OL]. [2018-12-04]. https://www.
researchgate. net/publication/3811976 Virtual reality and augmented reality as a
training tool for assembly tasks.

[9] BAIRD K M,BARFIELD W. Evaluating the effectiveness of augmented
reality displays for a manual assembly task[J]. Virtual Reality,1999,4(4):
250-259.

[10] 桂振文.面向移动增强现实的场景识别与跟踪注册技术研究[D].北京:北
京理工大学,2014.

[11] 郑国强,周治平.一种基于视觉 SLAM 改进的增强现实注册方法[EB/
OL]. [2018-12-04]. http://kns. cnki. net/kcms/detail/31. 1690. TN.
20181019.1553.030. html.

[12] 郑杨杨,李成龙,钟凡,等.基于图形模拟的精细三维注册优化方法[J].计
算机辅助设计与图形学学报,2018,30(06):984-991.

[13] 王月,张树生,何卫平,等.基于模型的增强现实无标识三维注册追踪方法
[J].上海交通大学学报,2018,52(01):83-89.

[14] KLEIN G,MURRAY D. Parallel tracking and mapping for small AR
workspaces[DB/OL]. [2018-12-04]. http://www. robots. ox. ac. uk/
Active Vision/Papers/klein _ murray _ ismar2007/klein _ murray _
ismar2007. pdf.

[15] 郑毅.增强现实虚实遮挡方法评述与展望[J].系统仿真学报,2014,26
(01):1-10.

[16] 徐维鹏,王涌天,刘越,等.增强现实中的虚实遮挡处理综述[J].计算机辅
助设计与图形学学报,2013,25(11):1635-1642.

［17］陈佳舟,刘艳丽,林奶养,等.基于增强现实的地下管线真实感可视化方法［J］.计算机辅助设计与图形学学报,2012,24(09):1164-1170.

［18］孙健.增强现实中的光照一致性研究［D］.哈尔滨:哈尔滨理工大学,2017.

［19］刘自强.增强现实中深度一致性问题的研究［D］.沈阳:沈阳工业大学,2017.

［20］董士海.人机交互的进展及面临的挑战［J］.计算机辅助设计与图形学学报,2004(01):1-13.

［21］LIU H Y,WANG L H. Gesture recognition for human-robot collaboration:A review［J］. International Journal of Industrial Ergonomics,2018,68:355-367.

［22］LI Q,HUANG C,LV S,et al. An human-computer interactive augmented reality system for coronary artery diagnosis planning and training［J］. Journal of Medical Systems,2017,41(10):159.

［23］ONG S K, YUAN M L, NEE A Y C. Augmented reality applications in manufacturing: a survey ［J］. International Journal of Production Research,2008,46(10):2707-2742.

［24］ONG S K,NEE A Y C . Virtual and augmented reality applications in manufacturing［M］. London:Springer,2004.

［25］REGENBRECHT H,BARATOFF G,WILKE W. Augmented reality projects in the automotive and aerospace industries［J］. IEEE Comput. Graph. Appl. ,2005,25(6):48-56.

［26］谢天.面向操作指引的增强现实系统研究［D］.杭州:浙江大学,2013.

［27］ROSE E,BREEN D,AHLERS K,et al. Annotating real-world objects using augmented reality ［DB/OL］. ［2018-12-04］. http://citeseer. ist. psu. edu/viewdoc/download; jsessionid = 348C72FE9CCD59B0186A4C9EC92197FA? doi=10. 1. 1. 31. 2986&rep=rep1&type=pdf.

［28］ZAUNER J,HALLER M,BRANDL A,et al. Authoring of a mixed reality assembly instructor for hierarchical structures ［EB/OL］. ［2018-12-04］. https://wenku. baidu. com/view/fef49ec46137ee06eff918f8. html.

［29］YUAN M L,ONG S K,NEE A Y C. The virtual interaction panel:an easy control tool in augmented reality systems:［J］. Computer Animation

&. Virtual Worlds, 2004, 15(3-4): 425-432.

[30] 高明柯. 基于增强现实的冠心病血管介入手术仿真培训中关键问题研究[D]. 上海: 上海大学, 2017.

[31] 王强. 增强现实上肢康复系统跟踪注册关键技术研究[D]. 重庆: 西南大学, 2017.

[32] 张楚茜, 张诗雷. 增强现实技术的研究进展及临床应用概述[J]. 组织工程与重建外科杂志, 2018, 14(01): 17-20, 23.

[33] SIELHORST T, FEUERSTEIN M, NAVAB N. Advanced medical displays: a literature review of augmented reality[J]. Journal of Display Technology, 2008, 4(4): 451-467.

[34] BURKE J W, MCNEILL M D J, CHARLES D K, et al. Augmented Reality games for upper-limb stroke rehabilitation[DB/OL]. [2018-12-04]. http://www.cs.ucf.edu/courses/cap6121/spr16/readings/ARStroke.pdf.

[35] CORRÊA A G D, FICHEMAN I K, NASCIMENTO M D, et al. Computer assisted music therapy: A case study of an augmented reality musical system for children with cerebral palsy rehabilitation[DB/OL]. [2018-12-04]. http://citeseerx.ist.psu.edu/viewdoc/download; jsessionid = CCC0AC6358C253B41676F3E1B165A6B0? doi = 10.1.1.452.3186&rep=rep1&type=pdf.

[36] MOUSAVI H H, KHADEMI M, DODAKIAN L, et al. A Spatial augmented reality rehab system for post-stroke hand rehabilitation[DB/OL]. [2018-12-04]. http://pdfs.semanticscholar.org/e183/7e399d3b8ecb2d8e7d13078c4a8c2c51743b.pdf.

[37] AUNG Y M, A. Al-Jumaily, Augmented Reality based Illusion System with biofeedback[DB/OL]. [2018-12-04]. https://opus.lib.uts.edu.au/bitstream/10453/30474/4/Augmented%20Reality%20based%20Illusion%20System%20with%20biofeedback.pdf.

[38] 谢国强, 郭振宇, 师蔚, 等. 低成本增强现实技术在高血压脑出血神经内镜治疗中的应用[J]. 中华神经外科疾病研究杂志, 2017, 16(03): 221-224.

[39] BESHRATI T L, MAHVASH M. Augmented reality-guided neurosurgery: accuracy and intraoperative application of an image projection technique[J].

Journal of Neurosurgery,2015,123(1):1-6.

［40］VÁVRA P,ROMAN J,ZONČA P,et al. Recent development of augmented reality in surgery:A review［DB/OL］. ［2018-12-04］. https://www. ncbi. nlm. nih. gov/pmc/articles/PMC5585624/pdf/JHE2017-4574172. pdf.

［41］陈向东,蒋中望.增强现实教育游戏的应用［J］.远程教育杂志,2012,30(05):68-73.

［42］陈向东,万悦.增强现实教育游戏的开发与应用——以"泡泡星球"为例［J］.中国电化教育,2017(03):24-30.

［43］陈向东,曹杨璐.移动增强现实教育游戏的开发——以"快乐寻宝"为例［J］.现代教育技术,2015,25(04):101-107.

［44］姚人杰,奥姆·马利克.《精灵宝可梦 Go》体验增强现实［J］.世界科学,2016(10):51-52.

［45］李小平,赵丰年,张少刚,等. VR/AR 教学体验的设计与应用研究［J］.中国电化教育,2018(3).

［46］王辞晓,李贺,尚俊杰.基于虚拟现实和增强现实的教育游戏应用及发展前景［J］.中国电化教育,2017(08):99-107.

［47］王同聚.虚拟和增强现实(VR/AR)技术在教学中的应用与前景展望［J］.数字教育,2017,3(01):1-10.

［48］IBÁÑEZ M-B,DELGADO-KLOOS C. Augmented reality for STEM learning:A systematic review［J］. Computers & Education,2018,123,109-123.

［49］夏少琼.增强现实技术在儿童出版物中的应用与实现［D］.北京:北京工业大学,2013.

［50］ALIEV Y,KOZOV V,IVANOVA G,et al. 3D augmented reality software solution for mechanical engineering education［C］//RACHEY B,SMRIKAROV A. Proceedings of the 18th International Conference on Computer Systems and Technologies. New York:ACM,2017:318-325.

［51］RAFAL W,WOJCIECH C. Evaluation of learners' attitude toward learning in ARIES augmented reality environments［J］. Computers & Education,2013,68,570-585.

［52］ CHUAH J H，LOK B，BLACK E . Applying mixed reality to simulate vulnerable populations for practicing clinical communication skills［J］. IEEE Transactions on Visualization & Computer Graphics，2013，19（4）：539-546.

［53］ JOHNSEN K，JOO S，MOORE A J. Mixed reality virtual pets to reduce childhood obesity［J］. IEEE Transactions on Visualization and Computer Graphics，2014，20（4）：523-530.

第 2 章
增强现实的理论基础与设备

2.1 增强现实的空间坐标系

要实现虚实融合,就必须正确计算出用户的观察视角,这样才能正确渲染出虚拟数字信息(尤其是三维模型的)的位置与姿态(以下简称位姿)。如图 2.1 所示,无论是虚拟物体还是真实环境最终都会投影在成像平面(即显示屏幕)中,这样用户才能够看到虚实融合的增强现实场景。由于虚拟物体在虚拟世界坐标系中的位姿信息是预设好的,而真实物体在真实世界坐标系中的位姿信息也可以预先设定好或通过视觉、跟踪器等方式实时获得,因此,它们都可以看成系统的已知值。另一方面,虚拟世界坐标系与真实世界坐标系之间的变换关系一般可以近似看作固定不变的线性变换,故其变换关系也为已知值。而 $O_p UV$ 成像平面上的图像是以观察坐标系为基础在平面上投影而来的,由摄像头的内部参数决定,因此也是已知值。综上所述,对增强现实系统而言,实际只有世界坐标系与观察坐标系之间的变换关系是根据用户视角变化而变化的,这种变换关系即图 2.1 所示实现 $B(x,y,z) \rightarrow (x_c, y_c, z_c)$ 变换的 4×4 矩阵,记为 $\boldsymbol{M}$。在增强现实系统里,一般把该变换矩阵称为三维注册矩阵。求解该矩阵的算法则被称为三维注册算法[1,2]。

在了解注册矩阵的计算方法之前,必须先了解增强现实系统的四个相关坐标系的定义及它们之间的相互关系。因此,本节将重点介绍成像坐标系($O_p UV$),观察坐标系($O_cX_cY_cZ_c$，又称摄像机坐标系）、世界坐标系($O_wX_wY_wZ_w$）及虚拟世界坐标系($O_vX_vY_vZ_v$）四个坐标系。

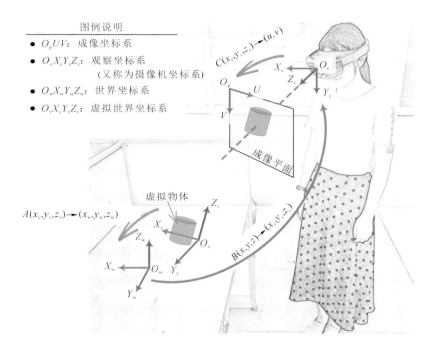

图例说明

- O_pUV：成像坐标系
- $O_cX_cY_cZ_c$：观察坐标系
  （又称为摄像机坐标系）
- $O_wX_wY_wZ_w$：世界坐标系
- $O_vX_vY_vZ_v$：虚拟世界坐标系

图 2.1　增强现实的系统坐标关系图

2.1.1　成像坐标系

成像坐标系是用于描述摄像头所拍摄到的二维数字图像（$m×n$ 阵列）每个像素点位置的二维坐标体系。根据所描述的单位不同，成像坐标系可分为以像素为单位的像素坐标系与以物理单位（如 mm）表示的图像坐标系两种。

如图 2.2 所示，像素坐标系中每一个坐标点相对应的是 $m×n$ 阵列中的一个元素（即像素），这个元素的数值是该图像点的亮度值[3]（若为灰度图，图像点的亮度是单一数值；若为彩色图，图像点的亮度是红、绿、蓝三色的亮度值）。由于像素坐标系中描述的是一个一个离散的像素点，因此，像素坐标系也称为离散图像坐标系。

由于像素坐标系只表示数字图像的列数和行数，并没有用物理单位表示出该像素在图像中的物理位置,因此,为了能够与真实三维场景进行对应,需要建立以物理单位表示的坐标系 O_1XY,称为图像坐标系,如图 2.3 所示。

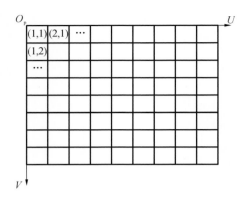

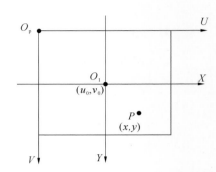

图 2.2　像素坐标系　　　　　　　　图 2.3　图像坐标系

数字图像中的任意一点都可以作为图像坐标系的原点 O_1,该点称为图像的主点。假定 O_1 在 O_pUV 像素坐标系中的坐标为 (u_0,v_0),每个像素在图像坐标系 X 轴与 Y 轴方向上的物理尺寸为 dx、dy,则图像中任意一个像素在这两个坐标系下的相互转换关系为

$$
\begin{cases}
u = \dfrac{x}{dx} + u_0 \\[2mm]
v = \dfrac{y}{dy} + v_0
\end{cases}
\tag{2.1}
$$

式(2.1)可转化为齐次方程,即

$$
\begin{bmatrix} u \\ v \\ 1 \end{bmatrix} =
\begin{bmatrix}
1/dx & 0 & u_0 \\
0 & 1/dy & v_0 \\
0 & 0 & 1
\end{bmatrix}
\begin{bmatrix} x \\ y \\ 1 \end{bmatrix}
\tag{2.2}
$$

2.1.2　观察坐标系(摄像机坐标系)

如图 2.4 所示,将图像坐标系原点 O_1 定义在摄像头光轴上,由点 O 与 X_c、Y_c、Z_c 轴组成的直角坐标系称为观察坐标系,O_cO_1 则为摄像机焦距。

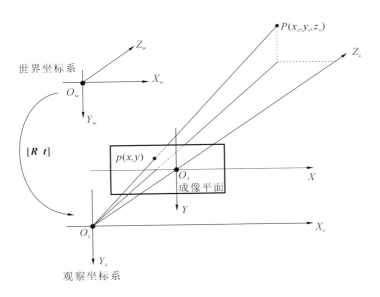

图 2.4　图像坐标系、观察坐标系与世界坐标系

图 2.4 所描述的是理想状态,图像坐标系的原点 O_1 刚好在摄像机光轴上,但实际上,原点 O_1 不一定就在光轴上,为了对这个偏移进行修正,需要引入两个新参数 c_x 和 c_y。

此外,由于摄像机成像后的像素并不一定是正方形的,而有可能是矩形的,因此,我们引入两个焦距参数(以像素为单位)f_x 与 f_y。

观察坐标系中的点 $P(x_c, y_c, z_c)$ 在成像平面中对应的点为 $p(x, y)$,其坐标关系为

$$
\begin{cases}
x_c = f_x\left(\dfrac{x}{z}\right) + c_x \\[2mm]
y_c = f_y\left(\dfrac{y}{z}\right) + c_y
\end{cases}
\tag{2.3}
$$

式(2.3)中,f_x 与 f_y 和物理焦距 F 之间的关系为

$$
\begin{cases}
f_x = F S_x \\
f_y = F S_y
\end{cases}
\tag{2.4}
$$

式中:S_x、S_y——x_c、y_c 方向上每毫米长度代表的像素量。

f_x、f_y 是在摄像机标定中计算得到的,而不是通过式(2.4)计算出来的。

2.1.3　世界坐标系

由于摄像机可安放在环境中的任意位置,因此,需要在环境中选择一个基准坐标系来描述摄像机的位置以及环境中其他物体的位置,该坐标系称为世界坐标系。如图 2.4 所示,世界坐标系与观察坐标系之间的关系可以用旋转矩阵 $\boldsymbol{R}$ 与平移向量 t 来描述。设空间点 P 在世界坐标系与观察坐标系下的齐次坐标分别表示为 $[x_\mathrm{w}\quad y_\mathrm{w}\quad z_\mathrm{w}\quad 1]^\mathrm{T}$ 与 $[x_\mathrm{c}\quad y_\mathrm{c}\quad z_\mathrm{c}\quad 1]^\mathrm{T}$,则存在

$$\begin{bmatrix} x_\mathrm{c} \\ y_\mathrm{c} \\ z_\mathrm{c} \\ 1 \end{bmatrix} = \begin{bmatrix} \boldsymbol{R} & t \\ \boldsymbol{0}^\mathrm{T} & 1 \end{bmatrix} \begin{bmatrix} x_\mathrm{w} \\ y_\mathrm{w} \\ z_\mathrm{w} \\ 1 \end{bmatrix} = \boldsymbol{M}_2 \begin{bmatrix} x_\mathrm{w} \\ y_\mathrm{w} \\ z_\mathrm{w} \\ 1 \end{bmatrix} \tag{2.5}$$

式中:$\boldsymbol{R}$——3×3 正交单位矩阵;

t——三维平移向量;

$\boldsymbol{0} = \begin{bmatrix} 0 & 0 & 0 \end{bmatrix}^\mathrm{T}$;

$\boldsymbol{M}_2$——4×4 矩阵。

2.1.4　虚拟世界坐标系

虚拟世界坐标系是指描绘虚拟物体的坐标系。它到世界坐标系的坐标转换是为了确定虚拟物体在世界坐标系中的位姿,其转换关系为

$$[x_\mathrm{w}\quad y_\mathrm{w}\quad z_\mathrm{w}\quad 1]^\mathrm{T} = \boldsymbol{B}[x_\mathrm{v}\quad y_\mathrm{v}\quad z_\mathrm{v}\quad 1]^\mathrm{T} \tag{2.6}$$

式中:$\boldsymbol{B}$——虚拟世界坐标系到世界坐标系的转换矩阵。

一般来说,虚拟世界坐标系与世界坐标系之间的转换关系在设计增强现实系统时就确定下来了,因此,矩阵 $\boldsymbol{B}$ 是已知的。对于视频式增强现实系统而言,虚拟世界坐标系与世界坐标系一般是完全重叠的,即矩阵 $\boldsymbol{B}$ 为单位矩阵。

2.2　摄像机成像模型及其标定方法

增强现实系统主要通过计算机视觉的方法实现其三维注册,其基本问题是如何把三维场景中的坐标与摄像机所拍摄到视频图像的二维坐标联系起来。

二维成像平面与三维场景之间的变换关系如图 2.5 所示。

$$Z_c \begin{bmatrix} u \\ v \\ 1 \end{bmatrix} = \begin{bmatrix} \alpha_x & \gamma & u_0 \\ 0 & \alpha_y & v_0 \\ 0 & 0 & 1 \end{bmatrix} [\boldsymbol{R}|\boldsymbol{t}] \begin{bmatrix} X_w \\ Y_w \\ Z_w \\ 1 \end{bmatrix}$$

世界坐标系转换到观察坐标系

观察坐标系转换到像素坐标系

图 2.5 二维成像平面与三维场景之间的总体变换关系

从图 2.5 可知,二维成像平面与三维场景之间的变换与摄像机内部参数 α_x、α_y、u_0、v_0,以及径向畸变修正量 γ 有关。下面将详细介绍摄像机成像模型的概念及其标定方法。

2.2.1 摄像机成像模型

摄像机成像模型是描述三维空间点与摄像机成像平面中的像素点之间的映射关系的数学模型,是对景物成像到图像平面上的物理过程的数学描述(见图 2.6)。它与三维物体点的空间位置、摄像机焦距,以及物体或摄像机相对运动参数等有关,而与二维图像的强度信息无关[4]。

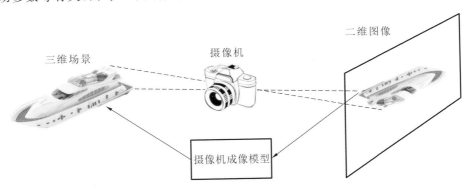

图 2.6 摄像机成像模型的作用

虽然摄像机的成像过程是非线性的,但为了简化运算,一般会用线性摄像机模型(又称为针孔成像模型)来近似表示,图 2.7 所示的是与线性摄像机模型相关的三个坐标系之间的关系。

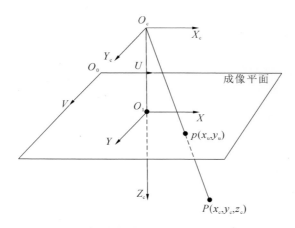

图 2.7　线性摄像机模型涉及的三个坐标系

图 2.7 中，$O_c X_c Y_c Z_c$ 为观察坐标系，$O_0 UV$ 为以像素为单位的像素坐标系，$O_1 XY$ 为以 mm 为单位的图像坐标系。设某空间点 $P(x_c, y_c, z_c)$ 在成像平面的坐标为 $p(x_u, y_u)$，f 为 $O_c X_c Y_c$ 平面到成像平面之间的距离，即摄像机的焦距。则点 P 与 p 之间的投影关系为

$$s \begin{bmatrix} x_u \\ y_u \\ 1 \end{bmatrix} = \begin{bmatrix} f & 0 & 0 & 0 \\ 0 & f & 0 & 0 \\ 0 & 0 & 1 & 0 \end{bmatrix} \begin{bmatrix} x_c \\ y_c \\ z_c \\ 1 \end{bmatrix} = \boldsymbol{P} \begin{bmatrix} x_c \\ y_c \\ z_c \\ 1 \end{bmatrix} \tag{2.7}$$

式中：s——比例因子；

　　　$\boldsymbol{P}$——透视投影矩阵。

把式(2.2)代入式(2.7)，得到以观察坐标系表示的点 P 坐标与其投影点 p 的坐标 (u, v) 的关系为

$$s \begin{bmatrix} u \\ v \\ 1 \end{bmatrix} = \begin{bmatrix} \dfrac{1}{\mathrm{d}x} & 0 & u_0 \\ 0 & \dfrac{1}{\mathrm{d}y} & v_0 \\ 0 & 0 & 1 \end{bmatrix} \begin{bmatrix} f & 0 & 0 & 0 \\ 0 & f & 0 & 0 \\ 0 & 0 & 1 & 0 \end{bmatrix} \begin{bmatrix} x_c \\ y_c \\ z_c \\ 1 \end{bmatrix} = \begin{bmatrix} \alpha_x & 0 & u_0 & 0 \\ 0 & \alpha_y & v_0 & 0 \\ 0 & 0 & 1 & 0 \end{bmatrix} \begin{bmatrix} x_c \\ y_c \\ z_c \\ 1 \end{bmatrix}$$

$$\tag{2.8}$$

式中：α_x、α_y——U 轴、V 轴上的尺度因子(也分别被称为 U 轴与 V 轴上归一化焦距)，其计算式为

$$\begin{cases} \alpha_x = \dfrac{f}{\mathrm{d}x} \\[2mm] \alpha_y = \dfrac{f}{\mathrm{d}y} \end{cases} \qquad (2.9)$$

把式(2.5)代入式(2.8),可得到投影点 p 与世界坐标系之间的关系(即摄像机的线性成像模型)为

$$s \begin{bmatrix} u \\ v \\ 1 \end{bmatrix} = \begin{bmatrix} \alpha_x & 0 & u_0 & 0 \\ 0 & \alpha_y & v_0 & 0 \\ 0 & 0 & 1 & 0 \end{bmatrix} \begin{bmatrix} \boldsymbol{R} & \boldsymbol{t} \\ \boldsymbol{0}^{\mathrm{T}} & 1 \end{bmatrix} \begin{bmatrix} x_w \\ y_w \\ z_w \\ 1 \end{bmatrix} = \boldsymbol{M}_1 \boldsymbol{M}_2 \boldsymbol{X}_w = \boldsymbol{M} \boldsymbol{X}_w \qquad (2.10)$$

由于 α_x、α_y、u_0、v_0 只与摄像机内部结构有关,所以,这些参数称为摄像机的内参数,记为 $\boldsymbol{M}_1$。而 $\boldsymbol{M}_2$ 由摄像机相对于世界坐标系的方位决定,称为摄像机外参数。对于增强现实系统来说,$\boldsymbol{M} = \boldsymbol{M}_1 \boldsymbol{M}_2$,称为投影矩阵(又称为注册矩阵)。

由式(2.10)可见,已知摄像机的内外参数,也就知道了投影矩阵 $\boldsymbol{M}$,这时对于任何空间点 P,均可以通过其在世界坐标系的坐标 $\boldsymbol{X}_w = [x_w \ y_w \ z_w \ 1]^{\mathrm{T}}$,求出它的图像点 p 的坐标 (u, v)。但如果反过来,已知图像点 p 的坐标 (u, v),即使已知摄像机的内外参数,$\boldsymbol{X}_w$ 也不能唯一确定。

式(2.10)代表的只是一个理想化了的线性摄像机模型,但真实的镜头带有不同程度的畸变,使得空间点所成的像并不在线性模型所描述的位置上,而是在受到镜头失真影响而偏移的实际像平面坐标上。为此,引入一个径向畸变的修正量 γ 来修正该畸变,则式(2.10)变为

$$s \begin{bmatrix} u \\ v \\ 1 \end{bmatrix} = \begin{bmatrix} \alpha_x & \gamma & u_0 & 0 \\ 0 & \alpha_y & v_0 & 0 \\ 0 & 0 & 1 & 0 \end{bmatrix} \begin{bmatrix} \boldsymbol{R} & \boldsymbol{t} \\ \boldsymbol{0}^{\mathrm{T}} & 1 \end{bmatrix} \begin{bmatrix} x_w \\ y_w \\ z_w \\ 1 \end{bmatrix} = \boldsymbol{C} \begin{bmatrix} \boldsymbol{R} & \boldsymbol{t} \end{bmatrix} \begin{bmatrix} x_w \\ y_w \\ z_w \\ 1 \end{bmatrix} \qquad (2.11)$$

式中:$\boldsymbol{C}$——摄像机内参数矩阵,

$$\boldsymbol{C} = \begin{bmatrix} \alpha_x & \gamma & u_0 \\ 0 & \alpha_y & v_0 \\ 0 & 0 & 1 \end{bmatrix} \qquad (2.12)$$

2.2.2 摄像机的标定方法[5,6]

要建立摄像机图像像素位置与场景点位置之间的相互关系,就需要确定某一摄像机的内外参数,这就是我们常说的摄像机标定。

标定的基本思路是,根据摄像机模型,由已知特征点的图像坐标和世界坐标求解摄像机的模型参数(即上述的内外参数)。国内外许多学者提出了很多不同的摄像机标定方法,如基于三维立体靶标的摄像机标定方法、基于径向约束的摄像机标定方法,以及基于二维平面靶标的摄像机标定方法等,这些方法都得到了广泛应用。

由于基于三维立体靶标的摄像机标定方法中的三维立体靶标的制作成本较高,且加工精度会受到一定的限制,所以增强现实技术普遍采用相对简单的基于二维平面靶标的摄像机标定方法。基于二维平面靶标的摄像机标定方法假定摄像机内参数均为常数,只有外参数会因摄像机与靶标之间的位置关系发生改变而改变。因此,它只要求摄像机在两个以上不同的方位拍摄一个平面靶标(通常会用10幅左右的图片进行标定),而且摄像机和二维平面靶标都可以随意移动,不需要记录任何变动前后的位置参数。根据平面靶标的不同,最常用的基于二维平面靶标的摄像机标定方法有两种,一种是由张正友等人提出的基于平面方格点的摄像机标定方法,另一种是杨长江等人提出的基于平面二次曲线的摄像机标定方法。由于张正友等人提出的基于平面方格点的摄像机标定方法(简称张正友标定方法)使用最为广泛,因此,本节将重点介绍这一标定方法的详细步骤。张正友标定方法基本流程如图2.8所示。

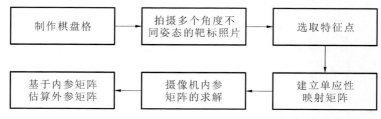

图2.8 张正友标定方法的基本流程

1. 制作棋盘格

制作黑白相间的棋盘格图片,如图2.9所示。值得注意的是,这种棋盘格图片并不是规定只能黑白相间,也可以是由若干个黑色正方形所组成。将设计好的棋盘格图片打印出来并粘贴在相应的硬纸板上即完成棋盘格的制作。

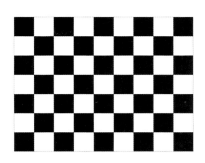

图 2.9　黑白相间的棋盘格图片

2. 拍摄多个角度不同姿态的靶标照片

　　使用摄像机通过调整标定物或摄像机的方向，为标定物拍摄一些不同方向的照片，一般可采集 10 张不同状态下的棋盘格图片，如图 2.10 所示。虽然张正友等人的论文里只用了 5 张图片，但是建议使用 10 张左右的棋盘图片，因为我们实际应用中的标定板通常都是用 A4 的纸打印出图片并贴在一块硬板上形成的，标定板上的世界坐标精度本身就不高，多拍摄几张图像能减小这方面的误差。另一方面，由于标定板所在平面与成像平面之间的夹角太小的时候，其标定精度会大幅降低，因此为了提高标定精度，在选取靶标照片时，必须确保标定板所在平面与成像平面之间的夹角不会太小，同时需要尽可能避免两块标定板是平行放置的。

图 2.10　多个角度不同姿态的靶标照片

3. 选取特征点

理论上特征点可以是靶标上的任意点,但为了便于找到每张照片上的对应特征点,一般会在靶标上均匀选取 10 个特征点,并确保任意 4 个特征点不共线,如图 2.11 所示。

图 2.11　选取靶标照片的特征点

4. 建立靶标与其图像平面之间的单应性映射矩阵

由于空间点 M_i 与图像点 m_i 之间存在如式(2.11)所示的映射关系,因此,标定的真正目的就是将摄像机拍摄到的图像与三维空间的物体之间的线性变换矩阵求解出来。为简化运算,可以假设靶标平面在世界坐标系的 X_wY_w 平面上(即 $Z_w=0$),代入式(2.11),有

$$s\begin{bmatrix} u \\ v \\ 1 \end{bmatrix} = A\begin{bmatrix} r_1 & r_2 & r_3 & t \end{bmatrix}\begin{bmatrix} x \\ y \\ 0 \\ 1 \end{bmatrix} = A\begin{bmatrix} r_1 & r_2 & t \end{bmatrix}\begin{bmatrix} x \\ y \\ 1 \end{bmatrix} \tag{2.13}$$

记图像平面上的点的齐次坐标为 $\tilde{m}=\begin{bmatrix} u & v & 1 \end{bmatrix}^T$,空间上的点的齐次坐标为 $\tilde{M}=\begin{bmatrix} x & y & 1 \end{bmatrix}^T$,则式(2.13)在齐次坐标系下的变换关系为

$$\tilde{m} = \lambda A\begin{bmatrix} r_1 & r_2 & t \end{bmatrix}\tilde{M} = H\tilde{M} \tag{2.14}$$

式中:H——所要求的映射矩阵。

$$H = \begin{bmatrix} h_1 & h_2 & h_3 \end{bmatrix} = \lambda A\begin{bmatrix} r_1 & r_2 & t \end{bmatrix} \tag{2.15}$$

式中:λ——放缩因子标量(即 s 的倒数);

t——从世界坐标系的原点到光心的向量；

r_1、r_2——图像平面两个坐标轴在世界坐标系中的方向向量（即绕世界坐标 X_w、Y_w 轴旋转）。

由于 H 矩阵是单应性矩阵，它的组成为

$$H = \begin{bmatrix} h_{11} & h_{12} & h_{13} \\ h_{21} & h_{22} & h_{23} \\ h_{31} & h_{32} & 1 \end{bmatrix} \tag{2.16}$$

其未知量只有 8 个。

在式（2.14）中，$\tilde{m}$ 是图像坐标，可以通过摄像机获得，而 $\tilde{M}$ 作为标定物的坐标，也可以在进行标定拍摄时人为控制。根据单应性矩阵的特点，同时把每组对应点的值代入式（2.14）中，可以得到两个方程组。因此，只要四组对应点就可以获得 8 个方程，从而得到 H 的唯一解。

值得注意的是，虽然已知四个点的坐标就能求解出 H，但实际使用中，对应点或多或少会存在误差，因此，需要采用多于四组对应点来降低误差对结果的影响。H 的目标搜索函数用于确保实际图像坐标 m_i 与根据式（2.14）计算出的图像坐标 $\tilde{m}_i$ 之间的差值最小，即

$$\min \sum \| m_i - \tilde{m}_i \| \tag{2.17}$$

5. 摄像头内参矩阵的求解

由前述可知，单应性映射矩阵 H 实际上是摄像机内参矩阵和外参矩阵的合体。因此，为了获得摄像机的内外参数，需要先把内参数求出来，然后外参数也就可以随之求解出。

根据物理含义可知，单应性映射矩阵 H 具有如下两个约束条件：

① r_1、r_2 为标准正交矩阵，即 $r_1^\mathrm{T} r_2 = 0$，且 $r_1^\mathrm{T} r_1 = r_2^\mathrm{T} r_2$；

② 旋转向量的模为 1，即 $|r_1| = |r_2| = 1$。

根据这两个约束条件，可得到两个基本方程，即

$$\begin{cases} h_1^\mathrm{T} A^{-\mathrm{T}} A^{-1} h_2 = h_1^\mathrm{T} B h_2 = 0 \\ h_1^\mathrm{T} A^{-\mathrm{T}} A^{-1} h_1 = h_2^\mathrm{T} A^{-\mathrm{T}} A^{-1} h_2 \end{cases} \tag{2.18}$$

由式（2.15）可知，h_1、h_2 为映射矩阵 H 的元素，H 的求解方法已在前述阐

明,那么未知量就仅仅剩下内参矩阵 $\boldsymbol{A}$。内参矩阵 $\boldsymbol{A}$ 包含 5 个参数：α、β、u_0、v_0、γ。由于一个转换矩阵有 8 个自由度,而外参数则占 6 个(3 个轴的旋转与 3 个轴的平移),因此,一个转换矩阵只能获得摄像机内参数的两个约束。要求解 5 个参数,就必须有至少 3 个单应性矩阵,即需要至少 3 张不同的照片。由式(2.18)可知,矩阵 $\boldsymbol{B}$ 为一个对称矩阵,其定义为

$$\boldsymbol{B} = \boldsymbol{A}^{-\mathrm{T}}\boldsymbol{A}^{-1} = \begin{bmatrix} B_{11} & B_{12} & B_{13} \\ B_{12} & B_{22} & B_{23} \\ B_{13} & B_{23} & B_{33} \end{bmatrix} \qquad (2.19)$$

显然,由式(2.19)可设定一个六维向量 $\boldsymbol{b}$ 为

$$\boldsymbol{b} = \begin{bmatrix} B_{11} & B_{12} & B_{22} & B_{13} & B_{23} & B_{33} \end{bmatrix} \qquad (2.20)$$

映射矩阵 $\boldsymbol{H}$ 的第 i 列向量记为

$$\boldsymbol{h}_i = \begin{bmatrix} h_{i1} & h_{i2} & h_{i3} \end{bmatrix}^{\mathrm{T}} \qquad (2.21)$$

因此可以进行进一步地纯数学化简为

$$\boldsymbol{h}_i^{\mathrm{T}}\boldsymbol{B}\boldsymbol{h}_j = \boldsymbol{v}_{ij}^{\mathrm{T}}\boldsymbol{b} \qquad (2.22)$$

式中：

$$\boldsymbol{v}_{ij} = \begin{bmatrix} h_{i1}h_{j1} & h_{i1}h_{j2} + h_{i2}h_{j1} & h_{i2}h_{j2} & h_{i3}h_{j1} + h_{i1}h_{j3} & h_{i3}h_{j2} + h_{i2}h_{j3} & h_{i3}h_{j3} \end{bmatrix}^{\mathrm{T}}$$

$$(2.23)$$

则式(2.18)可表达为两个以 $\boldsymbol{b}$ 为未知数的齐次方程。其中一个为

$$\begin{bmatrix} \boldsymbol{v}_{12}^{\mathrm{T}} \\ (\boldsymbol{v}_{11} - \boldsymbol{v}_{22})^{\mathrm{T}} \end{bmatrix} \boldsymbol{b} = \boldsymbol{0} \qquad (2.24)$$

式(2.24)所表示的是单张靶标图片,若有 n 张靶标图片,则将式(2.24)叠起来,可得

$$\boldsymbol{V}\boldsymbol{b} = \boldsymbol{0} \qquad (2.25)$$

式中：$\boldsymbol{V}$——$2n \times 6$ 矩阵。由此定义可知,当有 3 张或 3 张以上的靶标图片时,可通过对矩阵 $\boldsymbol{V}$ 进行奇异值分解(SVD)求解出 $\boldsymbol{b}$。若只有 2 张图片,则需要舍掉一个内参数 γ(设其为零),这样可得到一个附加方程为

$$\begin{bmatrix} 0 & 1 & 0 & 0 & 0 & 0 \end{bmatrix}\boldsymbol{b} = 0 \qquad (2.26)$$

将式(2.26)代入式(2.25),就可求解出 $\boldsymbol{b}$。

在 $\boldsymbol{b}$ 求解出来后,进行乔利斯基(Cholesky)分解并对其求逆,就可以得到摄像机的内参矩阵 $\boldsymbol{A}$。

6. 基于内参矩阵估算外参数

由内参矩阵 $\boldsymbol{A}$，可以得到摄像头的外参数如下：

$$\begin{cases} r_1 = \lambda \boldsymbol{A}^{-1} \boldsymbol{h}_1 \\ r_2 = \lambda \boldsymbol{A}^{-1} \boldsymbol{h}_2 \\ r_3 = r_1 \times r_2 \\ t = \lambda \boldsymbol{A}^{-1} \boldsymbol{h}_3 \end{cases} \tag{2.27}$$

式中：

$$\lambda = 1/\parallel \boldsymbol{A}^{-1}\boldsymbol{h}_1 \parallel = 1/\parallel \boldsymbol{A}^{-1}\boldsymbol{h}_2 \parallel$$

2.3 摄像机位姿估算

从 2.1 节可知，增强现实系统具有一个观察坐标系，该坐标系主要用于从观察者的角度对整个世界坐标系内的对象进行重新定位和描述，如图 2.12 所示。通俗地讲，该坐标系相对世界坐标系的位置决定了用户能看到哪些虚拟物体，以及所看到的各个虚拟物体之间的位置关系是怎样的。

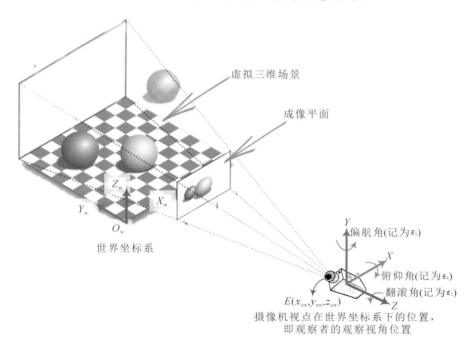

图 2.12　摄像机位姿在世界坐标系下的描述

从图 2.12 可知，摄像机在世界坐标系下有 6 个独立的自由度，即视点的世界坐标值 $E(x_{ew}, y_{ew}, z_{ew})$，以及摄像机绕 X、Y、Z 轴的旋转角，分别是俯仰角（pitch-angle，记为 ε_x）、偏航角（yaw-angle，记为 ε_y）、翻滚角（roll-angle，记为 ε_z），据此可以计算出增强现实系统所需要的变换矩阵 $\boldsymbol{M}$ 为

$$\boldsymbol{M} = \boldsymbol{R}_z(\gamma)\boldsymbol{R}_y(\beta)\boldsymbol{R}_x(\alpha)\boldsymbol{T}(d)$$

$$= \begin{bmatrix} \cos\varepsilon_z & -\sin\varepsilon_z & 0 & 0 \\ \sin\varepsilon_z & \cos\varepsilon_z & 0 & 0 \\ 0 & 0 & 1 & 0 \\ 0 & 0 & 0 & 1 \end{bmatrix} \begin{bmatrix} \cos\varepsilon_y & 0 & \sin\varepsilon_y & 0 \\ 0 & 1 & 0 & 0 \\ -\sin\varepsilon_y & 0 & \cos\varepsilon_y & 0 \\ 0 & 0 & 0 & 1 \end{bmatrix} \begin{bmatrix} 1 & 0 & 0 & 0 \\ 0 & \cos\varepsilon_x & -\sin\varepsilon_x & 0 \\ 0 & \sin\varepsilon_x & \cos\varepsilon_x & 0 \\ 0 & 0 & 0 & 1 \end{bmatrix} \begin{bmatrix} 1 & 0 & 0 & x_{ew} \\ 0 & 1 & 0 & y_{ew} \\ 0 & 0 & 1 & z_{ew} \\ 0 & 0 & 0 & 1 \end{bmatrix} \quad (2.28)$$

在上述这 6 个值均确定后，计算机就能够根据这些信息绘制出三维模型在成像平面上相对应的投影图。

在增强现实系统中，由于观察用摄像机是安装在用户头部，替代人眼去观察世界的，因此，上述的 6 个自由度的值是动态变化的。6 个自由度的值的变化直接影响计算机绘制的结果，如图 2.13 所示。

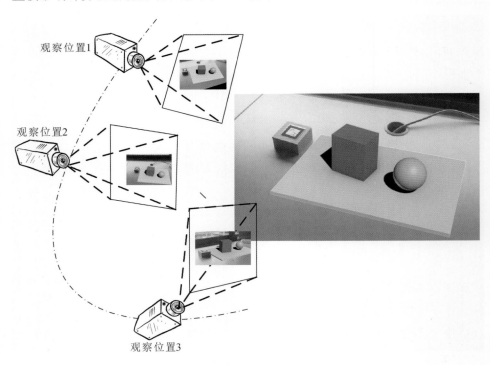

图 2.13　摄像机位姿变化与最终绘制结果变化图

因此,如何对摄像机的位姿参数进行实时估计,然后把计算机生成的虚拟模型精确地叠加到真实环境中是增强现实技术所需要解决的核心问题,这一般称为三维注册问题(或称为配准问题)。上述 6 个自由度可以通过安装在头部的磁位置跟踪器等定位跟踪硬件设备直接获取,然后套用式(2.28)可直接求出注册矩阵 M。而基于计算机视觉的增强现实技术,可通过对视频捕获设备获取的图像进行分析计算,来获取场景的信息并直接获取摄像机的注册矩阵 M,不需要独立求解出本节所提及的 6 个独立自由度变量,具有成本低、快捷和轻便的优点,是增强现实技术的重要发展方向,后续章节将会对其算法原理进行进一步的介绍。

2.4　增强现实常用设备

要实现虚拟模型与真实的物理世界融合结果的可视化,系统需要配置相应的输入设备和输出设备。如果要进行实时交互等操作,对用户以及场景的跟踪和感知传感器也必须考虑进来。相关硬件设备的发展对虚拟现实增强技术有着重要的影响。近年来,随着摄像机质量的提高和普及,红外安全激光技术的成熟和消费级产品出现都大大促进了虚拟现实增强技术的进步和应用。本节简要介绍增强现实与增强虚拟环境常用硬件设备的最新发展情况。

2.4.1　摄像机

摄像机是实现增强现实技术最重要的硬件设备,常规的真实场景的采样、跟踪和标定技术都以摄像机为基本配置。摄像机作为一种廉价、标准、易于获取和集成的采样设备,有着巨大的市场需求。安装了摄像头的智能手机或者平板电脑也可以当作摄像机使用,当前,摄像头是智能手机以及平板电脑的标准配置,高分辨率的摄像头一般后置,如图 2.14 所示。因此以摄像头作为传感器的增强现实技术一直处于高速发展中。目前,商用的摄像机成本越来越低,尺寸越来越小,分辨率越来越高,成像质量也越来越好,为增强现实技术的推广与普及打下了很好的基础。

按工作方式来分,摄像机分为单目摄像机、双目摄像机和深度摄像机等三大类,如图 2.15 所示。除此之外,还有全景摄像机等一些特殊种类,但它们没有成为主流研究设备的配置。

RGB摄像头

图 2.14　摄像头位置

(a) 单目摄像机[7]　　　　(b) 双目摄像机　　　　(d) 深度摄像机

图 2.15　各种摄像机

　　摄像机的工作方式可分为两大类。一类为从外到内（outside-in）配置,如图 2.16(a)所示。这种配置要求摄像机固定于场景中,而模型或者应用者处于移动状态,具有位置求解容易但姿态求解困难的问题。而图 2.16(b)所示是从内到外(inside-out)的配置方式,摄像机跟随模型或者操作者移动,这种配置利用摄像机的移动来获取场景信息,具有姿态求解容易的优点。

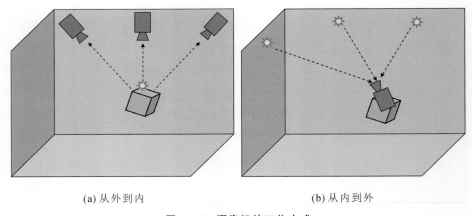

(a) 从外到内　　　　　　　　　　(b) 从内到外

图 2.16　摄像机的工作方式

如图 2.17 所示,以移动终端作为交互和展示载体,通过单目摄像机识别特殊图片或书本,再实时地把逼真的三维模型和二维图像叠加在平面图形之上,帮助用户理解画面信息。该应用通过增强平面图形信息,提升使用者的注意力、记忆力、思维能力。该应用支持 Android 系统以及 iOS 系统,可以为用户提供一种新的学习方式。通过进一步扩展,成果还可用于新型图文教材的开发。

图 2.17 基于单目摄像机的增强现实应用[8]

图 2.18 所示的为以 Oculus 为基础的双目增强现实应用 AR-Rift。硬件增加了双目摄像机外设,利用摄像机识别场景,再实时地把逼真的三维虚拟人物模型叠加在图 2.18 所示的地面上,利用双目视觉的沉浸效果,增加真实感。

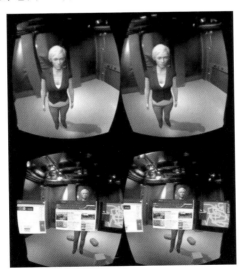

图 2.18 基于双目摄像机的增强现实应用

2.4.2 跟踪传感器

精确的运动跟踪对机器人和增强现实技术的应用具有重要意义。已有多种不同的跟踪技术和方法,主要是利用各种传感器进行感知,如利用加速度计、陀螺仪、惯性测量单位(inertial measurement unit,IMU)、全球定位系统(GPS)传感器和超声追踪仪进行感知。常用的跟踪系统如图 2.19 所示。这些跟踪系统有的精度很高,但只能实现某一个维度的跟踪;有的精度很低,需要和其他传感器结合起来用;有的传感器体积庞大,使系统很笨拙;也有一些采用基于视觉的方法,在场景中加入人工标识,如图 2.20 所示,把摄像机当做跟踪传感器,利用视觉技术跟踪和识别这些标识,实现增强现实的应用。

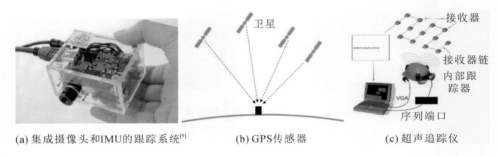

(a) 集成摄像头和IMU的跟踪系统[9]　　　(b) GPS传感器　　　(c) 超声追踪仪

图 2.19　常用的跟踪系统

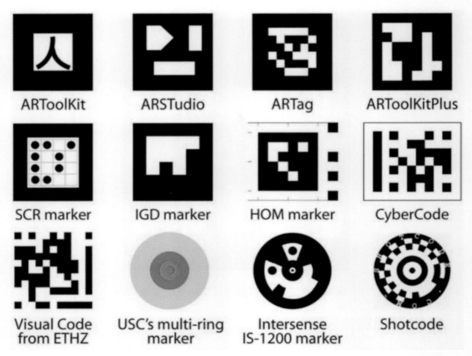

图 2.20　不同形式的标识

传统的基于微机的增强现实系统通常采用键盘、鼠标进行交互。这种交互方式精度高、成本低,但是沉浸感较差。基于标识及相关的跟踪技术出现后,可以借助数据手套、力反馈设备、磁传感器等设备进行交互,这种方式精度高,沉浸感较强,但是成本也相对较高。利用图 2.21 所示的数据手套和手腕带,可以和虚拟场景进行交互。

图 2.21 数据手套和手腕带传感器

2.4.3 体感交互设备

体感交互设备可以对场景或者人体的三维运动数据进行采样,多维度地将真实世界数据合成到虚拟环境中,是增强虚拟环境技术的重要设备。近年来市场上三维体感交互设备的突破性产品连续出现,主要基于飞行时间(time-of-flight,TOF)技术和三维激光扫描技术,二者测量原理大致相同,都是测量光的往返时间。所不同的是,基于三维激光扫描技术的设备是逐点扫描的,而基于TOF 技术的设备对光脉冲进行调制并连续发送和捕获整个场景的深度。有些体感交互设备能够将真实世界的人体运动在虚拟环境中实时精确表示,从而增强虚拟现实的交互能力。其中较有影响力的是图 2.22 所示的 Kinect 体感交互设备。该产品可利用 RGB-D 摄像机获取场景的三维点云信息,可以对用户周围的环境进行实时三维扫描,实现对场景的深度感知,为场景感知和识别提供了很好的解决方案,重构的场景结构点云如图 2.23 所示。这些设备可以获取精准的肢体深度信息,实现与虚拟模型或者角色的体感互动。

红外线光源　　　RGB摄像机　　　红外摄像头

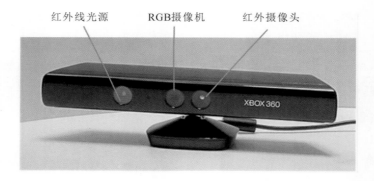

图 2.22　Kinect 体感交互设备

图 2.23　Kinect 体感交互设备生成的场景三维点云[10]

2.4.4　可穿戴增强显示设备

Bimber 和 Raskar 按应用场景,以及显示器和眼镜的距离,把增强现实显示设备分为三大类:头戴式、手持式和空间投影式,如图 2.24 所示。

头盔显示器(head-mounted display,HMD) 是增强现实的传统研究内容,一般分为光学透视式(optical see-through,OST)头盔和视频透视式(video see-through,VST)头盔。光学透视式是指用户透过透明镜片看到真实世界,并通过反射或投影方式把虚拟环境或对象叠加到真实场景中的方式,如图2.25(a)所示;视频透视式是指将摄像头采样的真实场景图像与虚拟场景相合成,然后输出到用户眼前的小屏幕上的方式,如图 2.25(b)所示。很多针对头盔显示器的研究取得了不错的成果,但到目前为止,绝大多数类似头盔显示器产品仍然价格昂贵、标定复杂、精度和分辨率不够理想。

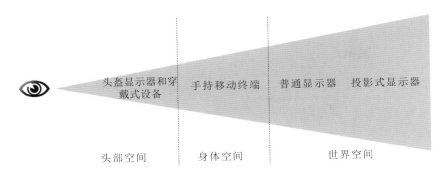

图 2.24　增强现实显示设备分类

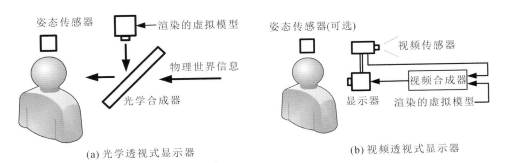

(a) 光学透视式显示器　　　　　　　(b) 视频透视式显示器

图 2.25　通用头盔显示器框架

　　自 2014 年 Oculus VR 开发包被 Facebook 公司以 20 亿美元收购之后,各种虚拟现实或者增强现实的头戴式设备就陆续推出,如图 2.26 所示,而且大多数试用者都给出了好评。不过目前大多数类似设备都还没有真正开始商用,即便少数已经实现商用,也还没有被普通消费者接受。其中,Oculus Rift 头盔采用的是虚拟现实技术,能让使用者进入一个全新的虚拟场景。由于采用左右眼分别以不同角度观看,所以用户可以看到逼真的三维效果,如身临其境。Oculus Rift 头盔需要配合计算机来使用。

(a) Oculus Rift头盔　　　　(b) Vuzix头盔　　　　(c) Visette45SXGA头盔

图 2.26　视频透视式头盔

光学透视式头盔产品如图 2.27 所示。微软发布的增强现实产品 Holograms 及头戴式设备 HoloLens 可以让用户和周围的全息影像互动,是技术最先进的增强现实头盔。HoloLens 头盔采用的是增强现实技术,而不是虚拟现实技术,可让用户在看到周围环境的同时叠加上一些虚拟场景。戴上 HoloLens 头盔,就像戴上一个普通眼镜一样,因为它的镜片是透明的。同时,这个透明的镜片还是一个显示器,能够在用户看到的真实的外部世界上增加三维虚拟信息,产生一种虚实结合的效果。图 2.28 所示的为操作者在 HoloLens 头盔帮助下,根据工艺要求装配发动机。

(a) Vuzix头盔   (b) Pinlight Display头盔   (c) HoloLens头盔

图 2.27　光学透视式头盔

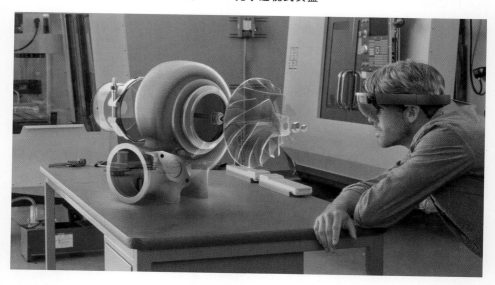

图 2.28　基于 HoloLens 头盔的发动机装配指引[11]

和以上产品相比,谷歌眼镜(见图 2.29(a))是最轻最方便佩戴的产品之一。从产品功能上来说,其他头戴式设备更强调给用户沉浸式的体验,可以用于游戏或特定场景,并不是日常佩戴的设备。但戴着谷歌眼镜不会太影响用户的其他工作,还能给用户提供各类辅助信息或者拍摄照片和视频,如图 2.29(b)所示的为操作者佩戴谷歌眼镜,根据图文提示进行电池液注射操作。

(a) 谷歌眼镜　　　　　　　　　　(b) 注射电池液指引[12]

图 2.29　谷歌眼镜应用于指导注射电池液

参考文献

[1] KHAN D,ULLAH S,RABBI I. Factors affecting the design and tracking of ARToolKit markers[J]. Computer Standards & Interfaces,2015,41:56-66.

[2] ROMERO-RAMIREZ F J,MUÑOZ-SALINAS R,MEDINA-CARNICER R. Speeded up detection of squared fiducial markers[J]. Image and Vision Computing,2018,76:38-47.

[3] 张广军. 机器视觉[M]. 北京:科学出版社,2005.

[4] ZHANG Z Z,ZHAO R,LIU E,et al. A single-image linear calibration method for camera[J]. Measurement,2018,130:298-305.

[5] 卢英,王慧琴,佟威,等. 基于 Harris-张正友平面标定法的摄像机标定算法[J]. 西安建筑科技大学学报(自然科学版),2014,46(06):860-864,870.

[6] 寻言言. 摄像机标定技术的研究与实现[D]. 呼和浩特:内蒙古农业大学,2014.

[7] GRAVES M. Webcams 8:Vaddio RoboSHOT 12-A USB 3.0 Webcam [EB/OL]. [2018-12-02]. http://www. mgraves. org/2015/06/webcams-8-vaddio-roboshot-12-a-usb-3-0-webcam/.

[8] STEPTOE W. AR-Rift：AR Showcase[EB/OL]. [2018-12-02]. http://willsteptoe. com/post/67571388490/ar-rift-ar-showcase-part-7.

[9] HOL J D，SCHÖN. T B，GUSTAFSSON F，et al. Sensor fusion for augmented reality[J]. IFAC Proceeding Volumes，2008，41(2)：14100.

[10] STEVENS T. Kinect and haptics combine at the University of Washington to let you fell the future(video)[EB/OL]. [2018-12-02]. https://www. engadget. com/2010/12/19/kinect-and-haptics-combine-at-the-university-of-washington-to-le/.

[11] PELISSIER F. Microsoft HoloLens desormais disponible en France[EB/OL] . [2018-12-04]. https://www. linkedin. com/pulse/microsoftoloens-dC‰sormais-dispoibe en-france florent-pelissier.

[12] BENNETT M. A whole new reality for service and maintenance [EB/OL]. [2018-12-02] https://enterprise. microsoft. com/en-ca/articles/industries/microsoft-services/a-whole-new-reality-for-service-and-maintenance/.

第 3 章
基于标识的增强现实交互方法

3.1　基于标识的注册算法原理

增强现实系统的最基本目标就是让虚拟物体和真实环境能够无缝融合在一起,要实现这一目标,除了需要相应的显示技术外,还必须能够实时获得用户的观察位姿,以便计算机能够根据位姿信息把虚拟物体绘制到真实环境的正确位置上去,并保持正确的姿态。这一过程一般称为注册或配准[1,2]。

如图 2.1 所示的世界坐标系($O_w X_w Y_w Z_w$)指的是真实世界的固有坐标系,虚拟世界坐标系($O_v X_v Y_v Z_v$)则是确定虚拟物体位置的坐标系,虚拟物体的位置均是以该坐标系来标示的。观察坐标系($O_c X_c Y_c Z_c$)是以观察者双眼为原点,$O_c Z_c$ 轴与观察者视线方向重合的坐标系。由于增强现实系统大多采用摄像机作为观察工具,因此该坐标系也称为摄像机坐标系。成像坐标系($O_p UV$)是增强现实系统将虚实融合的图像最终呈现给用户的二维坐标系,该坐标系平面与观察坐标系($O_c X_c Y_c Z_c$)中的 $O_c Z_c$ 轴垂直。

显然,为了确保虚拟物体能够正确放置在投影平面上,需要获得虚拟空间坐标系到投影坐标系之间的变换关系。为此,一般需要进行以下转换环节。

1. 虚拟世界坐标系→世界坐标系

虚拟世界坐标系到世界坐标系的坐标转换是为了确定虚拟物体在世界坐标系中的位姿,其转换关系见式(2.6)。

2. 世界坐标系→像素坐标系

世界坐标系到像素坐标系的转换实际可分为两步,即先由世界坐标系转换到观察坐标系,然后再由观察坐标系转换到像素坐标系。转换结果如式(2.11)所示。

3. 虚拟世界坐标系→像素坐标系

由式(2.11)与式(2.6)可得到虚拟世界坐标系到像素坐标系之间的转换关系为

$$
\begin{aligned}
[u \quad v \quad 1]^\mathrm{T} &= \boldsymbol{C}[\boldsymbol{R} \quad \boldsymbol{t}]\boldsymbol{A}[x_\mathrm{v} \quad y_\mathrm{v} \quad z_\mathrm{v} \quad 1]^\mathrm{T} \\
&= \boldsymbol{M}_1\boldsymbol{M}_2\boldsymbol{A}[x_\mathrm{v} \quad y_\mathrm{v} \quad z_\mathrm{v} \quad 1]^\mathrm{T} = \boldsymbol{M}\boldsymbol{A}[x_\mathrm{v} \quad y_\mathrm{v} \quad z_\mathrm{v} \quad 1]^\mathrm{T}
\end{aligned} \tag{3.1}
$$

4. 投影矩阵的算法推导

由式(3.1)可知,投影矩阵 $\boldsymbol{M}$ 为一个 3×4 矩阵,即

$$
\boldsymbol{M} = \begin{bmatrix} r_{11} & r_{12} & r_{13} & t_1 \\ r_{21} & r_{22} & r_{23} & t_2 \\ r_{31} & r_{32} & r_{33} & t_3 \end{bmatrix} \tag{3.2}
$$

对于基于特定标识的增强现实系统而言,一般会把特定标识的中心作为世界坐标系与虚拟世界坐标系的原点,即两个坐标系完全重合。因此,标识上的各个特征点在世界坐标系中的坐标实际是在设计标识的时候就已经确定的,属已知值。各个特征点对应于投影平面上的点坐标可通过计算机图像识别的方法检测出来。

设世界坐标系中某特征点 (x_i,y_i,z_i) 在投影平面上的坐标是 (u_i,v_i),则两个坐标之间的关系可通过将式(2.6)代入式(2.10)得到:

$$
\begin{cases} u_i(r_{31}x_i + r_{32}y_i + r_{33}z_i + t_3) - f(r_{11}x_i + r_{12}y_i + r_{13}z_i + t_1) = 0 \\ v_i(r_{31}x_i + r_{32}y_i + r_{33}z_i + t_3) - f(r_{21}x_i + r_{22}y_i + r_{23}z_i + t_2) = 0 \end{cases} \tag{3.3}
$$

式中:f——摄像机的焦距,为已知值。

一个特征点可以产生 2 个方程,因此,只需要 6 个特征点(世界坐标 $\{(x_i,y_i,z_i),1\leqslant i\leqslant6\}$,其在投影平面的坐标为 $\{(u_i,v_i),1\leqslant i\leqslant6\}$)就可以产生 12 个方程对投影矩阵的 12 个未知量进行求解,即

$$\begin{bmatrix} u_1x_1 & u_1y_1 & u_1z_1 & -fx_1 & -fy_1 & -fz_1 & 0 & 0 & 0 & -f & 0 & u_1 \\ v_1x_1 & v_1y_1 & v_1z_1 & 0 & 0 & 0 & -fx_1 & -fy_1 & -fz_1 & 0 & -f & v_1 \\ u_2x_2 & u_2y_2 & u_2z_2 & -fx_2 & -fy_2 & -fz_2 & 0 & 0 & 0 & -f & 0 & u_2 \\ v_2x_2 & v_2y_2 & v_2z_2 & 0 & 0 & 0 & -fx_2 & -fy_2 & -fz_2 & 0 & -f & v_2 \\ u_3x_3 & u_3y_3 & u_3z_3 & -fx_3 & -fy_3 & -fz_3 & 0 & 0 & 0 & -f & 0 & u_3 \\ v_3x_3 & v_3y_3 & v_3z_3 & 0 & 0 & 0 & -fx_3 & -fy_3 & -fz_3 & 0 & -f & v_3 \\ u_4x_4 & u_4y_4 & u_4z_4 & -fx_4 & -fy_4 & -fz_4 & 0 & 0 & 0 & -f & 0 & u_4 \\ v_4x_4 & v_4y_4 & v_4z_4 & 0 & 0 & 0 & -fx_4 & -fy_4 & -fz_4 & 0 & -f & v_4 \\ u_5x_5 & u_5y_5 & u_5z_5 & -fx_5 & -fy_5 & -fz_5 & 0 & 0 & 0 & -f & 0 & u_5 \\ v_5x_5 & v_5y_5 & v_5z_5 & 0 & 0 & 0 & -fx_5 & -fy_5 & -fz_5 & 0 & -f & v_5 \\ u_6x_6 & u_6y_6 & u_6z_6 & -fx_6 & -fy_6 & -fz_6 & 0 & 0 & 0 & -f & 0 & u_6 \\ v_6x_6 & v_6y_6 & v_6z_6 & 0 & 0 & 0 & -fx_6 & -fy_6 & -fz_6 & 0 & -f & v_6 \end{bmatrix} \begin{bmatrix} r_{31} \\ r_{32} \\ r_{33} \\ r_{11} \\ r_{12} \\ r_{13} \\ r_{21} \\ r_{22} \\ r_{23} \\ t_1 \\ t_2 \\ t_3 \end{bmatrix} = \begin{bmatrix} 0 \\ 0 \\ 0 \\ 0 \\ 0 \\ 0 \\ 0 \\ 0 \\ 0 \\ 0 \\ 0 \\ 0 \end{bmatrix}$$

$$(3.4)$$

3.2 基于正方形标识的增强现实系统基本算法原理

3.2.1 正方形标识的设计思路[3,4]

对基于标识的增强现实技术而言,标识的用途主要有两个:一是通过标识来反算出摄像机(观察视角)在三维空间中的位姿;二是根据不同的标识,显示不同的虚拟物体。为了尽可能降低计算机视觉的识别算法的复杂性并提高其鲁棒性,标识的设计应该遵循下面三个原则:

① 标识应能够被摄像机清晰拍摄到,而且容易识别与辨认;

② 形状规则,便于搜索到足够的特征点来计算摄像机的位姿信息;

③ 标识内部应该包含能够与其他标识区别开来的编码图案,编码图案应易于编码与解码。

正方形形状简单,其四个角点容易识别,很好地满足上述几个原则的需求,因此被大多数的增强现实系统所采用。常见的正方形标识有以下几种。

1. ARToolKit 开发包标识

如图 3.1 所示，ARToolKit 开发包标识分为三个部分。

（1）白色编码区。该区域位于标识的最里面，其区域面积为整个标识大小的四分之一。其标记图案不能满足旋转对称性（即不能有偶次序的旋转对称），且图案面积大小不能超过白色编码区面积的 50%。

（2）外部黑色方框。该黑框的角点为用于计算投影矩阵的特征点。

（3）最外层的白色区域。为了能够准确分辨黑框，黑框外部四周应该预留足够面积的白色区域。

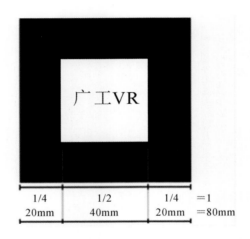

图 3.1　ARToolKit 开发包标识

2. ARTag、ARToolKit plus 开发包标识

如图 3.2 所示，ARTag 标识和 ARToolKit plus 开发包标识与 ARToolKit 开发包标识最大的不同在于，其编码区不再是在一个独立的白色区域中，而是融入标识的中间。其标识都已经被开发者预先设计好，并给每一个标识编制相应的标识（ID）号。

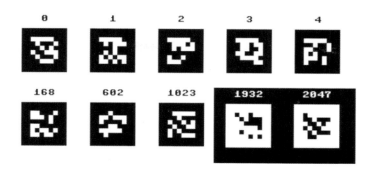

图 3.2　基于标识号绑定的标识

3. 其他的正方形标识

除了上述两种正方形标识外，还有 SCR、HOM、IGID 三种正方形标识，如图 3.3 所示。

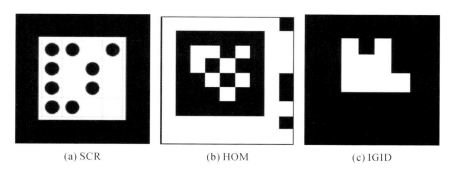

(a) SCR　　　　　　　　(b) HOM　　　　　　　　(c) IGID

图 3.3　其他正方形标识

3.2.2　基于正方形标识的增强现实系统的坐标系定义

由图 3.4 可知，基于正方形标识的增强现实系统一般会以正方形标识的中心点作为原点建立一个标识坐标系($O_m X_m Y_m Z_m$)，该坐标系以正方形标识平面作为 OXY 平面，Z 轴正方向向上。为了简化运算，一般在系统设计的时候，都会把世界坐标系、虚拟世界坐标系与标识坐标系重合在一起。这样，对基于正方形标识的增强现实系统而言，其坐标系主要有三个：一是标识坐标系，该坐标系用于描述虚拟模型、真实物体的位姿信息；二是观察坐标系，该坐标系是一个中间坐标系，以方便虚拟模型到投影平面的影射运算；三是投影坐标系，即显示平面的坐标系。

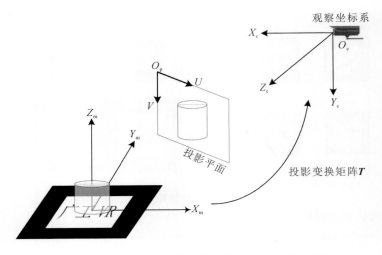

图 3.4 基于正方形标识的增强现实系统的坐标系

3.2.3 正方形标识的注册算法原理

由于所有特征点都来自于平面标识,即它们在同一平面上,而标识的坐标系与世界坐标系完全重合,因此所有特征点的 Z 轴坐标值均为 0。因此,可以将式(3.3)进一步简化为

$$\begin{cases} u_i(r_{31}x_i + r_{32}y_i + t_3) - f(r_{11}x_i + r_{12}y_i + t_1) = 0 \\ v_i(r_{31}x_i + r_{32}y_i + t_3) - f(r_{21}x_i + r_{22}y_i + t_2) = 0 \end{cases} \tag{3.5}$$

为了对式(3.5)进一步简化,可以把 t_3 看作各参数的比例因子,式(3.5)所有未知变量均除以 t_3。设四个特征点的世界坐标为 $\{(x_i, y_i, 0), i=1,2,3,4\}$,其成像平面的坐标为 $\{(u_i, v_i), i=1,2,3,4\}$,代入式(3.4),得

$$\begin{bmatrix} u_1x_1 & u_1y_1 & -fx_1 & fy_1 & 0 & 0 & -f & 0 \\ v_1x_1 & v_1y_1 & 0 & 0 & -fx_1 & -fy_1 & 0 & -f \\ u_2x_2 & u_2y_2 & -fx_2 & fy_2 & 0 & 0 & -f & 0 \\ v_2x_2 & v_2y_2 & 0 & 0 & -fx_2 & -fy_2 & 0 & -f \\ u_3x_3 & u_3y_3 & -fx_3 & fy_3 & 0 & 0 & -f & 0 \\ v_3x_3 & v_3y_3 & 0 & 0 & -fx_3 & -fy_3 & 0 & -f \\ u_4x_4 & u_4y_4 & -fx_4 & fy_4 & 0 & 0 & -f & 0 \\ v_4x_4 & v_4y_4 & 0 & 0 & -fx_4 & -fy_4 & 0 & -f \end{bmatrix} \begin{bmatrix} r_{31}/t_3 \\ r_{32}/t_3 \\ r_{11}/t_3 \\ r_{12}/t_3 \\ r_{23}/t_3 \\ r_{22}/t_3 \\ t_1/t_3 \\ t_2/t_3 \end{bmatrix} = \begin{bmatrix} -u_1 \\ -v_1 \\ -u_2 \\ -v_2 \\ -u_3 \\ -v_3 \\ -u_4 \\ -v_4 \end{bmatrix}$$

$$\tag{3.6}$$

记

$$
\begin{bmatrix}
r'_{31} \\
r'_{32} \\
r'_{11} \\
r'_{12} \\
r'_{23} \\
r'_{22} \\
t'_{1} \\
t'_{2}
\end{bmatrix}
=
\begin{bmatrix}
r_{31}/t_3 \\
r_{32}/t_3 \\
r_{11}/t_3 \\
r_{12}/t_3 \\
r_{23}/t_3 \\
r_{22}/t_3 \\
t_1/t_3 \\
t_2/t_3
\end{bmatrix}
\tag{3.7}
$$

则式(3.6)可改写成

$$
\begin{bmatrix}
u_1x_1 & u_1y_1 & -fx_1 & fy_1 & 0 & 0 & -f & 0 \\
v_1x_1 & v_1y_1 & 0 & 0 & -fx_1 & -fy_1 & 0 & -f \\
u_2x_2 & u_2y_2 & -fx_2 & fy_2 & 0 & 0 & -f & 0 \\
v_2x_2 & v_2y_2 & 0 & 0 & -fx_2 & -fy_2 & 0 & -f \\
u_3x_3 & u_3y_3 & -fx_3 & fy_3 & 0 & 0 & -f & 0 \\
v_3x_3 & v_3y_3 & 0 & 0 & -fx_3 & -fy_3 & 0 & -f \\
u_4x_4 & u_4y_4 & -fx_4 & fy_4 & 0 & 0 & -f & 0 \\
v_4x_4 & v_4y_4 & 0 & 0 & -fx_4 & -fy_4 & 0 & -f
\end{bmatrix}
\begin{bmatrix}
r'_{31} \\
r'_{32} \\
r'_{11} \\
r'_{12} \\
r'_{23} \\
r'_{22} \\
t'_{1} \\
t'_{2}
\end{bmatrix}
=
\begin{bmatrix}
-u_1 \\
-v_1 \\
-u_2 \\
-v_2 \\
-u_3 \\
-v_3 \\
-u_4 \\
-v_4
\end{bmatrix}
\tag{3.8}
$$

由式(3.8)可以计算出 $\begin{bmatrix} r'_{31} & r'_{32} & r'_{11} & r'_{12} & r'_{23} & r'_{22} & t'_{1} & t'_{2} \end{bmatrix}^{\mathrm{T}}$。因此，只要求出 t_3，投影矩阵的所有值就可以通过式(3.8)计算出。

如前所述，由于旋转矩阵一定是正交矩阵，所以，满足以下条件：

$$
\begin{cases}
r_{11}^2 + r_{12}^2 + r_{13}^2 = 1 \\
r_{11}r_{21} + r_{12}r_{22} + r_{13}r_{23} = 0 \\
r_{11}r_{31} + r_{12}r_{32} + r_{13}r_{33} = 0
\end{cases}
\tag{3.9}
$$

同理可以得到

$$
\begin{cases}
r_{21}^2 + r_{22}^2 + r_{23}^2 = 1 \\
r_{21}r_{11} + r_{22}r_{12} + r_{23}r_{13} = 0 \\
r_{21}r_{31} + r_{22}r_{32} + r_{23}r_{33} = 0
\end{cases}
\tag{3.10}
$$

将式(3.8)代入式(3.9)、式(3.10),得到

$$\begin{cases} r'^2_{11} + r'^2_{12} + r'^2_{13} = 1 \\ r'_{11}r'_{21} + r'_{12}r'_{22} + r'_{13}r'_{23} = 0 \\ r'_{11}r'_{31} + r'_{12}r'_{32} + r'_{13}r'_{33} = 0 \end{cases} \tag{3.11}$$

$$\begin{cases} r'^2_{21} + r'^2_{22} + r'^2_{23} = 1 \\ r'_{21}r'_{11} + r'_{22}r'_{12} + r'_{23}r'_{13} = 0 \\ r'_{21}r'_{31} + r'_{22}r'_{32} + r'_{23}r'_{33} = 0 \end{cases} \tag{3.12}$$

由式(3.11)、式(3.12)可推导出:

$$\begin{cases} T_1 = \dfrac{r'_{13}}{r'_{33}} = \dfrac{r'_{11}r'_{21} + r'_{12}r'_{22}}{r'_{11}r'_{31} + r'_{12}r'_{32}} \\ T_2 = \dfrac{r'_{23}}{r'_{33}} = \dfrac{r'_{21}r'_{21} + r'_{22}r'_{12}}{r'_{21}r'_{31} + r'_{22}r'_{32}} \end{cases} \tag{3.13}$$

由于摄像机永远处于标识的上方,即观察坐标系相对于真实空间坐标系在 Z 轴的偏移 t_3 永远是正数,因此有

$$t_3 = \frac{T_2}{T_1}\sqrt{\frac{(T_1^2 - T_2^2)(r'^2_{21} + r'^2_{22})}{r'^2_{11} + r'^2_{12}}} \tag{3.14}$$

最后,再根据式(3.6)计算出投影矩阵中的其他参数,完成整个投影矩阵的求解。

3.2.4 正方形标识的编码识别

编码识别采用的是模板识别方式,即预先给定已知标识的标准模板,当获得某一图像的时候,判别图像与标准模板中的哪一个最接近,即认为该图像与最接近的模板一致。这里涉及两方面的内容:一是图像的校正,二是模板的匹配。

1. 图像的校正

采样图像的摄像头在采样的时候处于随机的位置,即摄像头和图像不一定是正对着的。所以采样到的图像是不规则的,标识的外轮廓会发生一定的变形,这些变形包括平移、旋转、缩放等。为了用事先制作的模板和图像进行匹配,进而识别标识的标识号,需要对图像进行几何变换,将图像转正。一般情况下,都假设图像的变形是线性的,即能够保持线段的直线性、距离比、平行性不变,

这也称为单应性变换。如图3.5所示，利用单应性变换的特性，可将左边图像中的每一个像素点变换到右边的正方形对应点中。设变形图像中的点坐标为(u'_i, v'_i)，而校正图像中的点为(u_i, v_i)，则可得到

$$\begin{bmatrix} u'_i \\ v'_i \\ 1 \end{bmatrix} = \lambda \begin{bmatrix} h_{11} & h_{12} & h_{13} \\ h_{21} & h_{22} & h_{23} \\ 0 & 0 & 1 \end{bmatrix} \begin{bmatrix} u_i \\ v_i \\ 1 \end{bmatrix} \tag{3.15}$$

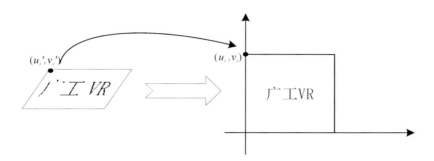

图 3.5　利用单应性变换对图像进行校正

利用编码区域中的 3 个不共线的角点，通过式(3.15)即可求解出单应性变换矩阵，然后再根据单应性变换矩阵把图像上其他像素点进行图像校正。

2. 模板的匹配

图像校正完后，即可以对内部图案进行匹配计算。由于正方形是对称的，因此每次匹配都需要在四个方向分别匹配一次。为了描述图像与模板之间的匹配程度，这里借助向量的范数来描述。

假设输入模式为 x、ω 类的模板，即其标准模式为 c_ω，利用欧几里得(Euclid)距离来衡量其接近的程度，即

$$d_\omega(x) = \parallel x - c_\omega \parallel \tag{3.16}$$

这里的 $\parallel \cdot \parallel$ 是距离的 L2 范数。所以输入模式 x 被识别为属于 $d_\omega(x)$ 为最小的那个类 ω。可是当输入模式的形状相同、灰度值不同的时候，x 与 c_ω 就会不同。考虑到这一点，实际匹配过程采用 x 与 c_ω 的夹角的余弦来作为衡量的尺度，即标准相似度为

$$S_\omega(x) = \frac{(x \cdot c_\omega)}{\parallel x \parallel \cdot \parallel c_\omega \parallel} \tag{3.17}$$

当标准相似度大于所指定的阈值时,则认为图像中的候选标识为对应的模板标识,图像匹配过程完成。

3.2.5 基于标识注册算法的影响因素讨论[5-9]

1. 标识形状对注册算法的影响

注册算法实际上就是要求解出世界坐标系到投影坐标系之间的投影变换矩阵 T。从 3.2.3 小节可知,要对投影变换矩阵进行求解,就必须在包含标识形状的视频帧中找到不少于 4 个共面且不共线的可被识别的特征点,如图 3.6 所示。

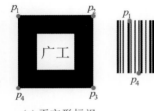 

(a) 正方形标识　　　　(b) 条形码标识　　　　(c) 二维码标识　　(d) 图片标识

图 3.6　各种平面标识形状

注:图中 $p_i(i=1,2,\cdots,n)$ 为预设特征点。一般来说,正方形标识只能找到 4 个匹配特征点,而其他标识可以找到多于 4 个匹配特征点以增强注册算法的鲁棒性。

如 3.2.3 小节所讨论的,基于平面标识的投影变换矩阵求解其数学模型的过程为:利用四组摄像机平面内的点 $(x_c,y_c,1)$ 与世界坐标系下对应点齐次坐标 $(x_w,y_w,0,1)$ 作为已知量,代入摄像机成像方程

$$\begin{bmatrix} x_c \\ y_c \\ 1 \end{bmatrix} = C\begin{bmatrix} R & t \end{bmatrix}\begin{bmatrix} x_c \\ y_c \\ 0 \\ 1 \end{bmatrix} = C\begin{bmatrix} R_{11} & R_{12} & R_{13} & t_1 \\ R_{21} & R_{22} & R_{23} & t_2 \\ R_{31} & R_{32} & R_{33} & t_3 \end{bmatrix}\begin{bmatrix} x_c \\ y_c \\ 0 \\ 1 \end{bmatrix} \tag{3.18}$$

以构建线性方程组,并求解旋转矩阵 R 与位移向量 t。当代表世界坐标系的 4 个点位于同一平面时,其齐次坐标统一为 $(x_w,y_w,0,1)$,此时旋转矩阵 R 的第 3 列在计算中被消去,在第 1、2 列被求出后再利用旋转矩阵 R 列向量均为单位向量且相互垂直的关系求出。

因此,对于一般的平面标识注册算法,无论标识的形状是怎么样的,只要能够保证实时成像平面内具有不少于 4 个共面且不共线的可被识别的标识特征点,并且准确匹配相应点对,就可以保证注册算法的有效性,即标识的形状对注

册算法有效性的影响主要取决于其是否具有易识别且不易混淆的特征点。

但由于注册算法的执行效率与鲁棒性直接受到特征点的识别提取算法的执行效率与鲁棒性的制约,而特征点的识别提取的计算量以及鲁棒性又与标识外形的复杂程度息息相关,因此,标识形状对注册算法的有效性存在影响。在众多不同的几何形状中,正方形的四个顶点可以通过角点检测算法快速准确地识别提取出来,因此,很多早期的增强现实系统如 ARToolKit、ARTag 以及 ARToolKit plus 等增强现实开发包的标识都采用黑白配色的正方形边框搭配非对称中心图的设计。

正方形标识的优点是计算量少,能够准确提取获取到的特征点,其精度可以达到亚像素级。但正方形标识同时也存在一个很大的缺陷:如果正方形的一个角被遮挡住,它就会马上失效。这是因为正方形标识上用于注册计算的顶点有且仅有 4 个,只要缺少了任意一个,则算法就会直接失效,如图 3.7 所示。

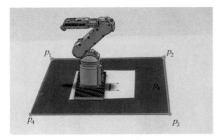 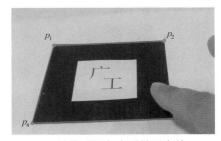

(a) 无遮挡时的效果　　　　　　　　(b) 遮挡后因角点不足而失效

图 3.7　正方形标识的识别

在增强现实系统的实际使用过程中,经常会因为人手或环境中其他物品的移动而导致标识的某一角被遮挡。为了解决这一问题,提高系统的鲁棒性,通常会采用以下几种方式来避免。

(1)在场景中同时设置多个标识,而且将各个标识之间的变换关系预先设计好,这样,只要场景中有一个标识的四个顶点没被遮挡住,增强现实系统的投影矩阵就可以根据没被遮挡住的正方形标识计算出来,从而系统的抗干扰性得以提高,如图 3.8 所示。当有多个标识同时被识别时,系统会根据每个标识的可信值大小找出可信值最大的标识作为变换矩阵的计算基准,如图 3.8(b)所示的会选择"大"字正方形标识的投影变换矩阵作为计算基准,图 3.8(c)所示的会选择"工"字正方形标识的投影变换矩阵作为计算基准。

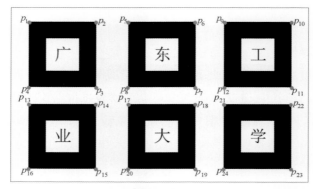

(a) 多正方形标识设计

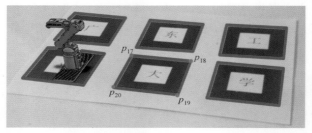

(b) 无遮挡时的效果

(c) 遮挡时的效果

图 3.8　多正方形标识的遮挡前后效果

　　(2)对原有算法进行改良,通过没被遮挡住的 3 个顶点反求出第 4 个顶点位置,一般都是通过建立三次方程或四次方程进行求解。另一种改良思路,是通过检测标识的边线,然后对被遮挡的那部分边线进行延伸,从而找到新的交点。如图 3.9 所示,图上红色点为 3 个没被遮挡的顶点,根据这 3 个点对部分没被遮挡的边线进行延伸,最后获得第 4 个被遮挡的点。

图 3.9 标识顶点估算

(3)另一种更通用的办法即制作具有多于甚至远多于 4 个特征点的图片标识。这类方法大多使用平面图像上的灰度特征关系标记特殊点,即数字图像处理中的角点、交叉点等图像灰度信号在二维方向上有明显变化的像素点。常见的特征点算子有 Harris、SIFT、SURF、ORB 算子等。特征点由于记录了该点与附近图像的关系,因此往往具有尺度不变性、旋转不变性、平移不变性、光照不变性等特点,也即在摄像头在拉远拉近、沿主光轴旋转、绕标识移动、缩小光圈或改变光照环境等条件下仍能成功匹配摄像平面与预设标识样本间的同名特征点,如图 3.10 所示。

图 3.10 SIFT 特征点匹配示意[10]

在求得不少于 4 组匹配点后,即可利用 RANSAC、最小二乘等方法,利用对应 4 组解的线性方程组,求解均方误差最小的镜头位姿矩阵。值得说明的是,此类方法虽然通过设置大量自然特征有效解决了少量标识点抗遮挡性较差的问题,但其计算消耗同样远超出黑白正方形标识计算的消耗。

2.标识的颜色对注册算法的影响

如果按照颜色来划分,标识可以分成两种类别:一种是黑白标识,另一种是彩色标识。彩色标识利用其颜色信息可增强标识的信息量,使计算机能够通过颜色信息对不同的色彩标识进行区分。但由于彩色标识的颜色信息很大程度受到不同的摄像机系统的色度分辨率,以及环境光照条件的影响,并会使得提取识别特征点的运行时间与黑白标识的相比增加 3~4 倍之多,因此,增强现实系统仍普遍采用黑白标识作为注册算法或采用彩色标识但其颜色信息并不在注册算法中起作用。

3.标识编码内容的复杂程度对注册算法的影响

标识编码内容虽然并不在计算投影矩阵时起作用,但它是确保该标识不被错误地识别为其他标识的一个重要保障。一般来说,标识编码内容设计得越复杂,则在同一系统中可同时标识的数量就越大。但是,标识编码内容复杂运算量也更大,使注册算法实时性受到影响。因此,当所设计的增强现实系统只需要几个简单标识集就满足需求时,可以降低标识编码内容的复杂程度,以获得更佳的实时性能,而当设计的增强现实系统需要大量的标识协同工作时,就需要增强标识编码内容的复杂程度,使得标识集可以容纳更多不同的标识。

3.3 基于正方形标识的交互方法与基本算法原理

由于增强现实是在虚实融合的混合环境中运行的,因此,传统的鼠标与键盘系统的交互已经无法满足增强现实系统的交互要求,需要寻求更直观、自然而且与现实交互相一致的交互方式。对于基于正方形标识的增强现实系统,可充分利用多个正方形标识之间的相互位姿关系的改变来实现既经济又实用的交互方法。该方法的优点是实现简单,而且不需要用户再购买额外的传感装置,经济实惠。不足之处是,需要把标识贴在交互工具上,影响视觉观感。

3.3.1　常见的基于正方形标识的交互方法

1. 直接贴在人手上进行人手位姿信息跟踪

把正方形标识直接贴在人手上，通过对人手上的正方形标识位姿信息进行跟踪与识别，则可间接得到人手的位姿信息，相关案例如图 3.11 所示。

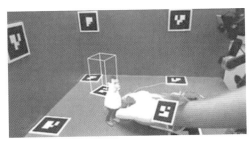

图 3.11　辅助人手位姿信息跟踪

2. 旋转正方形标识实现对虚拟模型的控制

该方式是把正方形标识贴在若干个转盘上，根据正方形标识的旋转角度控制物体的旋转、平移等操作。如图 3.12 所示，分别在两个转盘上贴上标识，贴着正方形标识 A 的转盘用于控制旋转角度，它的旋转角度是以正方形标识 R 的竖直方向作为基准轴的（即如果 A 与 R 的基准轴重合表示旋转角为零）。贴有正方形标识 B 的转盘用于控制哪一条轴旋转。正方形标识 T 用于定义虚拟模型的显示位置。

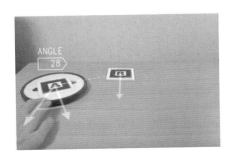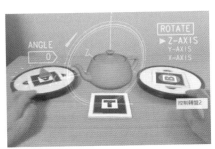

图 3.12　把正方形标识贴在转盘上控制旋转角

为了在有限的标识里添加更多的控制功能，该系统在贴有正方形标识 B 的转盘上添加了虚拟按钮。在人手把贴有正方形标识 B 的转盘遮挡住时，就相当于虚拟按钮被点击，贴有标识 B 的转盘则变成了切换模型的功能转盘，如图 3.13 所示。

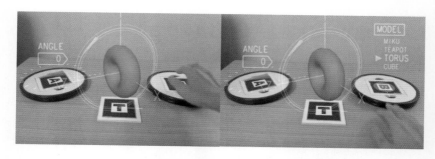

图 3.13　通过贴有正方形标识的转盘控制模型

3. 利用正方形标识进行拾取操作

该方式一般是把正方形标识看作一个"铲子"或"拾取器",用户使用这个工具可以对物体进行拾取、移动、旋转、放置等操作,如图 3.14 所示。

图 3.14　利用正方形标识进行拾取操作

3.3.2　基于正方形标识的交互方法基本算法原理

基于正方形标识的交互方法实现的关键在于能不能实时跟踪到用于交互的正方形标识在世界坐标系的位姿信息,以便系统做出抓取、平移、放下、旋转等操作。下面将详细介绍如何通过由 ARToolKit 软件开发包计算得到的变换矩阵计算出交互工具的位姿信息。

1. 交互工具原点在世界坐标系中的位置计算

如图 3.15 所示,记 ARToolKit 软件开发包直接计算出来的标识"移"与观察坐标系之间的 4×4 变换矩阵为 $\boldsymbol{T}_{\text{m-c}}$,而世界坐标系与观察坐标系之间的 4×4 变换矩阵为 $\boldsymbol{T}_{\text{w-c}}$。这两个变换矩阵可通过 ARToolKit 软件开发包直接得到。因此,交互工具原点 $(0,0,0)$ 在观察坐标系中的坐标位置为

$$\begin{bmatrix} x_{\text{c}} \\ y_{\text{c}} \\ z_{\text{c}} \\ 1 \end{bmatrix} = \boldsymbol{T}_{\text{m-c}} \begin{bmatrix} 0 \\ 0 \\ 0 \\ 1 \end{bmatrix} \tag{3.19}$$

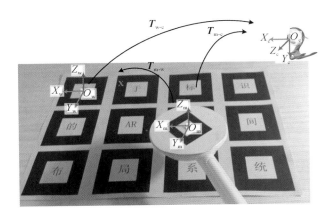

图 3.15　交互工具的世界坐标位置关系

而世界坐标系上的点 $(x_w \quad y_w \quad z_w)^T$ 在观察坐标系的坐标位置可通过下式描述：

$$\begin{bmatrix} x_c \\ y_c \\ z_c \\ 1 \end{bmatrix} = \boldsymbol{T}_{w\text{-}c} \begin{bmatrix} x_w \\ y_w \\ z_w \\ 1 \end{bmatrix} \tag{3.20}$$

将式(3.19)代入式(3.20)，得到交互工具原点在坐标系中的坐标位置为

$$\begin{bmatrix} x_w \\ y_w \\ z_w \\ 1 \end{bmatrix} = \boldsymbol{T}_{w\text{-}c}^{-1} \boldsymbol{T}_{m\text{-}c} \begin{bmatrix} 0 \\ 0 \\ 0 \\ 1 \end{bmatrix} = \begin{bmatrix} \boldsymbol{R} & \boldsymbol{t} \\ \boldsymbol{0}^T & 1 \end{bmatrix} \begin{bmatrix} 0 \\ 0 \\ 0 \\ 1 \end{bmatrix} \tag{3.21}$$

因此，交互工具的原点在世界坐标系下的坐标就是矩阵 $\boldsymbol{T}_{w\text{-}c}^{-1} \boldsymbol{T}_{m\text{-}c}$ 的平移量 $\boldsymbol{t}$ 在 x、y、z 轴的分量值。

2. 交互工具在世界坐标系下的俯仰角计算方法

如前所述，为了将虚拟模型从交互工具上移到布局区域，我们做一个类似于把虚拟模型从工具上"倒"下来的动作。该动作的判断由俯仰角 θ 决定，其定义如图 3.16 所示。

图 3.16　俯仰角的定义

为了方便参照,首先把标识"移"的标识坐标系 $O_mX_mY_mZ_m$ 移到世界坐标系 $O_wX_wY_wZ_w$ 上,使其原点完全重合,得到新的标识坐标系 $O_wX'_mY'_mZ'_m$。为了让世界坐标系的 X 轴能够与新的标识坐标系中的 X 轴重合,进行以下两个步骤:

① 将新的标识坐标系绕世界坐标系的 Z 轴旋转一个角度 ϕ(称为偏振角);

② 将新的标识坐标系以世界坐标系的 Y 轴旋转一个角度 θ(即为所求的俯仰角),最终使世界坐标系的 X 轴能够与新的标识坐标系中的 X 轴重合。

此外,如果我们将新的标识坐标系再绕重合后的 X 轴进行旋转,使两个坐标系的 Z 轴重合,则所旋转的角度称为扭转角,记为 φ。由式(3.21)可知,标识坐标系到世界坐标系之间的变换矩阵 $T_{m\text{-}w}$ 为

$$T_{m\text{-}w} = T_{w\text{-}c}^{-1}T_{m\text{-}c} = \begin{bmatrix} \boldsymbol{R} & \boldsymbol{t} \\ \boldsymbol{0}^T & 1 \end{bmatrix} \tag{3.22}$$

式中:$\boldsymbol{R}$——旋转矩阵,

$$\boldsymbol{R} = \begin{bmatrix} r_{11} & r_{12} & r_{13} \\ r_{21} & r_{22} & r_{23} \\ r_{31} & r_{32} & r_{33} \end{bmatrix}$$

$$= \begin{bmatrix} \cos\varphi\cos\theta & \cos\varphi\sin\theta\sin\phi - \sin\varphi\cos\phi & \cos\varphi\sin\theta\cos\phi + \sin\varphi\sin\phi \\ \sin\varphi\cos\theta & \cos\varphi\cos\phi + \sin\varphi\sin\theta\sin\phi & \sin\varphi\sin\theta\cos\phi - \cos\varphi\sin\phi \\ -\sin\theta & \cos\theta\sin\varphi & \cos\theta\cos\varphi \end{bmatrix} \tag{3.23}$$

由式(3.23)即可推出俯仰角 θ 的计算公式为

$$\theta = \arctan\left(-r_{31}/\sqrt{r_{32}^2 + r_{33}^2}\right) \tag{3.24}$$

当俯仰角 θ 大于 30°时,用户就可把虚拟模型从平移工具上"倒"出来,实现虚拟模型的放置功能。

3.4　基于 ARToolKit 开发包的增强现实系统实现流程

ARToolKit 开发包是一套利用 C 语言和 OpenGL 系统开发的增强现实系统软件开发包,由日本广岛城市大学与美国华盛顿大学联合开发,是最早公布出来的一款增强现实系统免费开发工具。最新版本的 ARToolKit 开发包可以通过 ARToolKit 的官方网站(http://artoolkit.org/download-artoolkit-sdk)下载。

下面将对 ARToolKit 开发包的工作原理、开发时需要的准备工作等进行详细阐述。

3.4.1　ARToolKit 开发包的工作原理

ARToolKit 开发包的基本原理就是以来源于摄像头的真实场景视频帧作为背景,在其上方准确绘制相应的虚拟物体的开发包。其工作原理概述如下。

(1)摄像机捕获到真实场景的视频帧,并将其作为背景图进行渲染。

(2)搜索视频帧内是否存在任何正方形,如果存在,则进行下一步,否则,等待摄像机捕获下一帧图像。

(3)在发现正方形后,找到正方形的四个角点,记其在视频帧中的坐标为 $\{(u_i, v_i), i = 1, 2, 3, 4\}$,由于 ARToolKit 开发包默认以正方形标识的中心点作为世界坐标系的原点,而且 OXY 平面与标识重合,因此,其四个角点在世界坐标系的坐标是已知的,可记为 $\{(x_i, y_i, 0), i = 1, 2, 3, 4\}$。因此,其投影矩阵可根据前述的投影矩阵算法推导方法求解出来,从而确定摄像机的空间位置。

(4)提取出在正方形标识中心白色区域的图像进行编码与解码,然后找出与该图像相匹配的虚拟模型,并根据所确定的摄像机的空间位置进行绘制,实现虚实叠加的过程。

3.4.2　ARToolKit 开发包的开发前准备

由于 ARToolKit 开发包是基于正方形标识进行注册的,因此,在创建基于 ARToolKit 开发包的增强现实程序前,我们需要先设计标识。其标识尺寸标准如图 3.1 所示。

在设计标识时,应该注意下列几点。

① 标识必须是正方形的。

② 标识必须有连续的边界颜色(通常是指全黑或者全白),且其周围的背景需为对比色(通常指与边界颜色相反的颜色,比如全白或者全黑)。默认情况下,边界的宽度是标识长度的 25％。

③ 边界内部的标记图像不能满足旋转对称性(即不能有偶次序的旋转对称),边界内部的图像可以是白色、黑色或者其他颜色。

④ 标识内部 50％ 的区域用于标识图像。标识图像可以是彩色的、黑底白画或者白底黑画,而且可以延伸到边界区域。需要注意的是,超过标识内部 50％ 的标识图像会被 ARToolKit 开发包所忽略;因此,不要让标识图像超出边界太多,否则当摄像机角度倾斜较大时,ARToolKit 开发包识别不出该标识。

设计完标识后,还需要使用 ARToolKit 开发包自带的工具对其进行训练并生成相应的标识文件,以便程序能够在初始化时读取。详细步骤如下。

① 在命令窗口执行 mk_patt.exe 命令,出现如图 3.17 所示的提示。

```
./mk_patt                    在这里输入标定后的摄像机参数文件
Enter camera parameter filename(Data/camera_para.dat):
```

图 3.17　选择摄像机参数文件

可选择开发包自带的摄像机参数文件,然后回车,进行下一步。

图 3.18　标识训练画面

② 将摄像机对准标识,使标识在屏幕上显示为正方形,而且尽可能大。如果 ARToolKit 开发包识别出了标识,它会在标识周围画上红色或者绿色的方框线,如图 3.18 所示。旋转标识使得方框红色的角位于标识的左上角,并点击确认。此时,标识训练完成,终端提示符/命令行提示符窗口会提示键入图案文件名,如图 3.19 所示。

Enter filename:	输入标识文件的文件名

图 3.19　标识文件保存提示

③ 输入图案文件的名字(通常以"patt. name"命名),并回车保存。如果不想保存该文件,直接按回车键来启动视频重新训练,或者右击鼠标退出程序。

3.4.3　ARToolKit 开发包的开发框架

基于 ARToolKit 开发包的增强现实程序主要内容如下。

(1) 程序初始化。包括读入摄像机内参配置文件、训练好的标识文件以及对程序上的其他必需的变量进行初始化,通过 ARToolKit 开发包自带函数 arVideoOpen()打开摄像机。

(2) 获取一帧图像。可通过 ARToolKit 开发包自带的 arVideoGetImage() 函数进行获取或使用其他方式获取摄像机的图像。

(3) 检测标识物。通过 ARToolKit 开发包自带的 arDetectMarker()函数进行检测。

(4) 当检测到标识时,再通过 ARToolKit 开发包自带的 arGetTransMat()函数计算投影矩阵;若没检测到标识,则返回步骤(2),等待下一帧图像的捕捉。

(5) 通过计算到的投影矩阵绘制虚拟物体。

(6) 返回步骤(2),等待下一帧图像的捕捉,直到用户输入退出指令为止。

所涉及的 ARToolKit 开发包函数的详细说明如表 3.1 所示。

表 3.1　ARToolKit 开发包常用函数表

序号	函数	功能说明	输入参数与输出
1	arVideoOpen()	打开摄像机,并传入摄像机内参数	传入 vconfig 为摄像机的内参数,无输出参数
2	arVideoGetImage()	获取图像信息	输出变量类型为 AR Unit8 的数组,其表现形式为每四个数组元素代表一个点:第一个元素为 G,第二个元素为 B,第三个元素为 R,第四个元素为 A,依此类推

续表

序号	函数	功能说明	输入参数与输出
3	arDetectMarker()	检测标识的函数	四个输入参数： （1）arVideoGetImage()传输过来的视频帧； （2）阈值； （3）训练好的标识数据； （4）标识数量。 输出：如果检测到标识，则返回0，否则返回小于0的值。当检测完成后，如果发现标识，会将所有发现的标识识别出来，并给予一个信度值
4	arGetTransMat()	计算投影矩阵	三个输入参数： （1）置信度最高的标识值； （2）标识坐标系的原点坐标，一般默认为(0,0)； （3）标识宽度值。 输出：一个3×4的投影矩阵

参 考 文 献

[1] CRAIG A B. Understanding augmented reality：concepts and applications [M]. San Francisco：Morgan Kaufmann，2013.

[2] 李旭东. 基于特征点的增强现实三维注册算法研究[D]. 天津：天津大学，2008.

[3] DASH A K，BEHERA S K，DOGRA D P，etc. Designing of marker-based augmented reality learning environment for kids using convolutional neural network architecture[J]. Displays，2018，55：46-54.

[4] 王涌天，陈靖，程德文. 增强现实技术导论[M]. 北京：科学技术出版社，2015.

[5] HARALICK B M，LEE C-N，OTTENBERG K，et al. Review and analysis of solutions of the three point perspective pose estimation problem[J]. International Journal of Computer Vision，1994，13(3)：331-356.

［6］ HIRZER M. Marker detection for augmented reality applications［DB/OL］.［2018-12-30］. http：//citeseerx. ist. psu. edu/viewdoc/download? doi ＝10. 1. 1. 383. 8993＆.rep＝rep1＆.type＝pdf.

［7］ KHANDELWAL P，SWARNALATHA P，BISHT N，et al. Detection of features to track objects and segmentation using GrabCut for application in marker-less augmented reality［DB/OL］.［2018-12-04］. https：//core. ac. uk/download/pdf/81214808. pdf.

［8］ 李玉，王涌天，刘越. 基于彩色标识点的增强现实注册算法研究［J］. 系统仿真学报，2008，20(03)：654-656，661.

［9］ KHAN D，ULLAH S，RABBI I. Factors affecting the design and tracking of ARToolKit markers［J］. Computer Standards ＆. Interfaces，2015，41：56-66.

［10］ BAGGIO D L. 深入理解 Open CV［M］. 北京：机械工业出版社，2014.

第 4 章
基于数据手套的增强现实交互方法

　　数据手套是虚拟现实系统与增强现实系统的一种用于实现自然、高效的人机交互功能的输入设备,数据手套的产生源于虚拟现实技术的飞速发展,并广泛地应用在各个相关领域[1]。通过数据手套的传感器等输入设备,计算机可以获取手的位姿,手指的伸展状态等信息,进而控制和实现对虚拟现实或增强现实场景中的虚拟物体的交互功能。

　　本章将以 Immersion 公司生产的 CyberGlove[2] 数据手套作为例子,以作者以往的工作成果[3-5]为基础,分析数据手套功能,设计数据手套的交互语义模型,提出基于数据手套的手势识别算法。

4.1　数据手套的功能分析

4.1.1　数据手套的基本参数

　　CyberGlove 数据手套有 22 个电阻式弯曲传感器,图 4.1 所示的为 CyberGlove 数据手套传感器分布图。为测量每个手指的运动,在数据手套的每根手指处配有 3 个弯曲传感器,此外还有 4 个外展传感器、手掌拱度传感器,以及测量弯曲度和外展度的传感器,每个传感器都非常轻薄柔软,安装在弹力手套中不易被察觉。因为传感器体形小、质量小,对弯曲没有阻力,安装位置和手指弯曲曲率半径对其精度的影响很小,从而保证了传感器可以准确地重复测量手指的运动。CyberGlove 数据手套还可配备 Immersion 公司生产的 CyberTouch、CyberGrasp、CyberForce 等装置来实现更多应用和触控感受。表4.1 所示的为传感器的名称列表。

　　每个传感器测量最高精度小于1°,最大采样频率为125 Hz。采用 RS232 接口通信,最高数据传输速度为 115.2 Kb/s。手套的手掌部分设计成网状,便于穿戴。

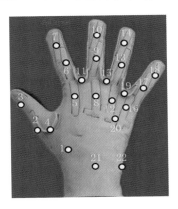

图 4.1 数据手套传感器分布图

表 4.1 数据手套传感器分布表

编号	传感器名称
1	thumb roll sensor（拇指旋转传感器）
2	thumb inner joint sensor（拇指中间关节传感器）
3	thumb outer joint sensor（拇指指尖关节弯曲传感器）
4	thumb-index abduction sensor（拇指与食指间的张角传感器）
5	index finger inner joint sensor（食指相对于手掌的弯曲传感器）
6	index finger middle joint sensor（食指第二关节弯曲传感器）
7	index finger outer joint sensor（食指指尖关节弯曲传感器）
8	middle finger inner joint sensor（中指相对于手掌弯曲传感器）
9	middle finger middle joint sensor（中指第二关节弯曲传感器）
10	middle finger outer joint sensor（中指指尖关节弯曲传感器）
11	index-middle abduction sensor（食指与中指的张角传感器）
12	ring finger inner joint sensor（无名指相对于手掌弯曲传感器）
13	ring finger middle joint sensor（无名指第二关节弯曲传感器）
14	ring finger outer joint sensor（无名指指尖弯曲传感器）
15	middle-ring abduction sensor（中指与无名指的张角传感器）
16	pinky finger inner joint sensor（小指相对于手掌弯曲传感器）
17	pinky finger middle joint sensor（小指第二关节弯曲传感器）
18	pinky finger outer joint（小指指尖关节弯曲传感器）
19	ring-pinky abduction sensor（无名指与小指的张角传感器）
20	palm arch sensor（手掌拱度传感器）
21	wrist flexion sensor（手腕相对于手臂上下弯曲传感器）
22	wrist abduction sensor（手腕相对于手臂左右弯曲传感器）

4.1.2 数据手套的标定方法

由于不同人的生理特征具有差异性,不同人手的大小、手指的长短粗细都会有所不同,另外加上传感器采样数据的误差难以避免,因此,要想通过数据手套对虚拟手进行精确的控制,必须对数据手套进行初始校准与标定。

在使用 CyberGlove 数据手套之前,我们通过 DCU(device configuration utility)软件系统来进行初始校准。图 4.2 所示的为 DCU 软件系统的界面,主要有五个功能模块:菜单栏、工具栏、配置面板、设备面板、三维场景。

图 4.2　DCU 软件系统界面

通过菜单栏可以使用 DCU 软件系统提供的所有功能;工具栏则是为 DCU 软件系统中部分功能提供的快捷键;配置面板显示的是当前已经注册过的所有设备的配置信息;设备面板显示每个已经通过 DCU 软件系统注册的设备,并且只要右击,就可将选中的设备连接上线,这样就可以在三维场景中看到加载的设备对虚拟物体的控制效果,也可以验证设备是否被正确加载,以及数据手套校准是否达到要求。

连接好数据手套的所有硬件设备后,通过 DCU 软件系统连接数据手套,要经过以下步骤。

开启 DeviceManager 组件,该组件是用来管理与数据手套相关的设备和一些扩展设备(力反馈设备、位置跟踪设备)的程序。

打开 DCU 软件系统,在菜单栏选择"Device"→"Add"命令,在设备类型中选择"cyberglove"选项,如图 4.3 所示。

图 4.3 "Add Device"对话框

在设备面板中选中添加的数据手套,右击,选择连接,数据手套就和 DCU 软件系统连接在一起了,通过三维场景面板可以看到数据手套对虚拟手的控制。

在数据手套和 DCU 软件系统正确连接后可以开始对数据手套进行校准。CyberGlove 数据手套的校准分为一般校准和高级校准等两种。在菜单栏选择"Device"→"Calibrate"命令,会弹出一般校准的对话框。一般校准的手势又分为两种,如图 4.4 所示。

第一种手势是手指并拢,手掌平放于桌面;第二种手势是将手指弯曲成"OK"形状,保证拇指的指尖和食指的指尖接触。这两种手势可以校准 22 个传感器中的大多数,但是测量手指间张角的传感器和手腕上的传感器不能被校准,为了校准这些没被校准的传感器并且进一步精确地校准已经校准过的传感器,可以使用高级校准功能。

高级校准分为两种校准模式:第一种为 Graphical 模式,如图 4.5 所示;第二种为 Direct 模式,如图 4.6 所示。

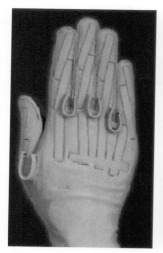

图 4.4　一般校准的手势

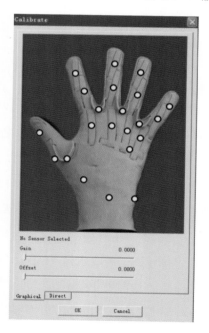

图 4.5　Graphical 模式

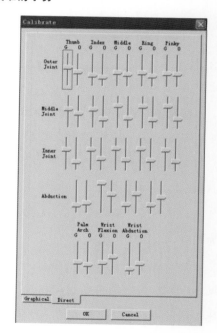

图 4.6　Direct 模式

　　在 Graphical 模式下,黄色点代表传感器,点击黄色点选中要校准的传感器,然后滑动对话框下方的滚动条,这样就调整了对应传感器的偏移(Offset)值和增益(Gain)值。通过手的实际手势与 DCU 软件系统的三维场景中的虚拟手的位姿的对比,可以分别调整偏移值和增益值。如果需要更为快捷地调整所有的传感器,可以选择 Direct 模式。

校准结束后,传感器的偏移值和增益值被记录下来,在实际应用中,数据手套会以校准后的值输出数据,从而保证数据的准确性。但是当 DCU 软件系统或者 DeviceManager 关闭时,校准数据将丢失。为了避免每次使用数据手套都要进行校准,DCU 软件系统提供了保存校准后偏移值和增益值的方法,点击DCU 软件系统菜单栏的"Device"→"Save Glove Calibration"命令,将偏移值和增益值保存在后缀为.cal 的数据手套的注册文件中,在下次使用时,点击菜单栏的"Device"→"Load Glove Calibration"命令加载相应的注册文件即可,省去了再次标定的过程,简化了应用。

由于手的关节之间会相互牵制,同样传感器之间也会相互产生影响,所以在校准传感器时应遵循在尽可能小的增益值的情况下调整偏移值的原则。这样可以将传感器之间的相互影响降到最低。传感器的校准顺序对传感器校准的精确度也有一定的影响。通常要先调整手指弯曲传感器,再调整手指间张角的传感器,最后调整手腕和手掌部分的传感器。

4.2　数据手套的交互语义模型

4.2.1　交互场景设计

数据手套常用于虚拟现实场景,通常与位置跟踪器搭配使用,实现手势识别与虚拟物体操作的功能,其操作反馈信息则是通过虚拟现实头盔显示器呈现。在增强现实环境下,数据手套同样可以实现类似功能,但需要把虚拟现实头盔显示器变换为增强现实头盔显示器,同时也需要更高精度的位置跟踪器。图 4.7 所展示的是一个典型数据手套增强现实交互环境,其中,增强现实头盔显示器用于呈现虚实融合的使用场景,数据手套用于采样用户手部精细动作信息,磁跟踪器用于对用户手部总体位姿变换信息进行采样。本节将以该交互场景为基础讲述基于数据手套的交互原理。

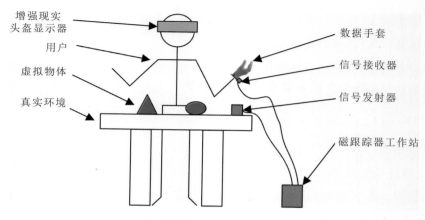

图 4.7　数据手套增强现实交互环境示意图

4.2.2　交互语义模型

1. 交互语义模型结构设计

交互语义模型的作用是描述用户动作与用户意图之间的数学映射关系,其结构如图 4.8 所示。本书提出的交互语义模型,其结构可以分为物理层、词法层、语法层、语义层四个层次。当用户做出手势动作时,交互语义模型通过逐层地提取交互语义信息最终判断出用户的交互意图。

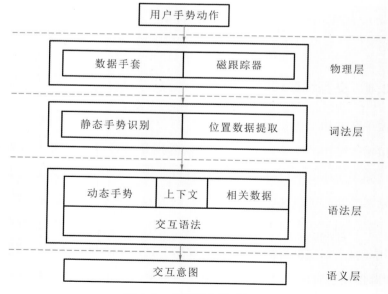

图 4.8　交互语义模型结构

1）物理层

物理层所提取的是用户做出手势动作后通过不同设备输入的最原始的数据流，如数据手套采样的用户手势数据流、磁跟踪器获得的手部位置数据。物理层是和具体的交互设备紧密相连的。不同交互设备提供的原始数据的格式是不一样的，如跟踪器提供的是各个位置传感器的位置数据，数据手套提供的是各个关节处弯曲传感器的曲度数据。由于这些设备操作的复杂性，设备厂商通常都要提供相应的设备驱动程序和开发包，系统主程序通过这些不同的驱动程序和开发包来获得初始数据。

2）词法层

词法层对物理层输入的原始数据流进行处理并进行合理的映射。来自各个交互设备的数据流数据格式差别很大，因此有必要对它们进行映射，使得设备的输入信息具有各自的语义解释，以便于语义模型的提取，从而进行用户意图的判定。这些映射与处理包括静态手势识别，获取磁跟踪器提供的位置及角度信息。静态手势识别是根据数据手套采样的手势信息识别出特定的手势；位置及角度信息获取是把磁跟踪器采样的数据提取成位置信息与角度信息。词法层最终生成的是交互语义的最小逻辑单位即交互原语，交互原语包括手势信息、位置信息及角度信息。如表 4.2 所示的为词法层从不同的交互设备输入的原始数据流中提取出的交互原语。词法层向下实现输入设备的无关性，如手势信息的提取可以通过数据手套，也可以通过机器视觉，向上组成各种复杂的语义信息，以便于用户交互意图的判断。因此，词法层是一个关键的抽象层。交互原语代表了用户到计算机的输入，从交互的角度来看，它是来自各个输入设备的独立的、最小的、不可分割的原子操作。词法层最重要的是对用户静态手势识别，把数据手套采样的原始数据流映射成为具体的交互手势。

表 4.2　词法层提取的交互原语

序号	使用设备	输入原语	原语解释
1	数据手套	预定义手势 gesture	系统中预定义的手势
2	磁跟踪器	$(x, y, z), (\varepsilon_x, \varepsilon_y, \varepsilon_z)$	三维空间位置及角度信息

3）语法层

语法层接收词法层输入的交互原语，根据具体的交互语法推断用户的交互意图。语法层主要是根据用户手势的变化结合系统上下文信息及其他相关数据如位置信息,经过一系列逻辑判断来推断用户的操作意图的,本层定义了用户和计算机交互的操作规范,即交互语法,给出了应用程序在某一运行状态容许用户所进行的操作及进行相关操作所需要的条件。例如,在没有选取对象时,用户对对象的操作是无效的。语法层定义了交互语义规则库,是交互语义模型进行操作意图判断的重要一层,交互规则的定义直接关系到操作意图推断的准确性和效率。

4)语义层

语义层所提取的就是交互语义模型最终获得的用户操作意图,用户的交互意图包括动作名称、动作对象、动作数据三个部分,判断出的交互意图最终交由系统执行。如对于移动模型操作,语义层最终提取的交互意图的动作名称为移动,动作对象为某一模型,动作数据为移动的具体位置。

物理层是和具体的交互设备直接相关的,而语义层则是和具体的交互任务直接相关的。词法层和语法层在物理层和语义层之间起一个过渡作用。基于这四个层次的交互语义模型一步一步地把用户的交互意图提取出来,最终由系统执行相关的交互任务,完成交互过程。

2. 交互语义模型的形式化描述

定义 1 对于交互语义模型的物理层,设 $d_1, d_2, \cdots, d_w$ 为不同的交互设备采样的相关数据,则 $D = \{g_e \mid 1 \leqslant e \leqslant w\}$ 表示数据集,其中,w 为使用的交互设备总数。

定义 2 对于交互语义模型的词法层,设 $g_1, g_2, \cdots, g_n$ 为预定义的手势,n 为手势的种类总数,则 $G = \{g_k \mid 1 \leqslant k \leqslant n\}$ 表示手势集。定义 pp 为磁跟踪器测得的手的位置信息,pa 为磁跟踪器测得的手的角度信息。

定义 3 对于交互语义模型的语法层,设 state 为当前上下文状态如模型库是否显示等,则 condition $= (\text{pp} \cap \text{pa} \cap \text{state})$ 表示当前的条件信息。设 $\text{mt}_s = (g_i \rightarrow g_j)$ 表示用户手势的动作变化,如用户手势由 g_1 变化为 g_2,则 Motion $= \{\text{mt}_s \mid 1 \leqslant s \leqslant h\}$ 表示手势变化的集合,其中,h 为有效的手势变化种类。

定义 4 对于交互语义模型的语义层,设 $\text{in}_t = (\text{action}, \text{object}, \text{data})$ 为用户的交互意图,其中,action 为交互动作,object 为具体的交互对象,data 为交互数据如移动的坐标、旋转的角度等,则 Intention $= \{\text{in}_t \mid 1 \leqslant t \leqslant m\}$ 表示用户的交互意图集,m 为用户交互意图的总数。

定义 5 定义交互规则 $r_c = \exists\,(\mathrm{mt})(\mathrm{condition}) \Rightarrow \mathrm{in}_t$，即在当前交互条件 condition(磁跟踪器测得位置与角度信息为 pp、pa，且当前系统上下文状态为 state)下，手势动作 mt 为 $(g_i \rightarrow g_j)$ 的操作意图为 $\mathrm{in}_t \in \mathrm{Intention}$，则 $\mathrm{Rule} = \{r_c \mid 1 \leqslant c \leqslant m\}$ 表示交互规则集。

根据以上定义，本书定义的交互语义模型可以使用如下的三元组进行描述：

$$\mathrm{in}_t = <\mathrm{mt, rule, condition}> \tag{4.1}$$

式中：in_t——用户的操作意图，$\mathrm{in}_t \in \mathrm{Intention}$；

　　　mt——用户的手势变化；

　　　rule——定义的交互规则集；

　　　condition——当前的交互条件，包括手的位置及角度 pp、pa 和上下文状态 state。

3. 交互语义模型的实例化

下面以简单例子解析交互语义模型各个参数的实例化。

1）数据集实例化

4.2.1 小节介绍的交互场景中交互设备包括数据手套和磁跟踪器，则交互语义模型物理层对应的数据集为 $D = (d_1, d_2)$，其中，d_1 为数据手套采样的数据，d_2 为磁跟踪器采样的数据。

2）静态手势集实例化

如表 4.3 所示的为词法层的手势集 $G = (g_1, g_2, \cdots, g_n)$，此处共列出了常见的 8 种静态手势。

表 4.3　手势集

手势符号	g_1	g_2	g_3	g_4
手势状态				
手势符号	g_5	g_6	g_7	g_8
手势状态				

3）动态手势实例化

本书定义动态手势是静态手势的特定变化序列，表 4.4 所示的是两个常见动态手势，则手势动作集为 Motion＝（mt_1，mt_2）。

表 4.4　手势动作集

手势动作	手势状态	符号表示	动作含义
mt_1		$g_1 \rightarrow g_2$	向左摆手
mt_2		$g_2 \rightarrow g_3$	向右摆手

4）交互意图集的实例化

如表 4.5 所示的为交互意图集 Intention＝（in_1，in_2），主要实现以下两个意图。

表 4.5　交互意图集

交互意图	符号表示	动作含义
in_1	（leftWave，null，null）	向左摆手
in_2	（rightWave，null，null）	向右摆手

（1）向左摆手（in_1）。向左摆手动作使用 leftWave 表示，则交互动作 action 为 leftWave，交互对象 object 为 null。最终向左摆手的操作意图为 in_1＝（leftWave，null，null）。

（2）向右摆手（in_2）。向右摆手动作使用 rightWave 表示，则交互动作 action 为 rightWave，交互对象 object 为 null。最终向右摆手的操作意图为 in_2＝（rightWave，null，null）。

5）交互规则集的实例化

每一个交互意图in_i都有其相应的规则 r_i，语义模型根据交互规则判断出用户交互意图。下面对每种交互意图判断的过程进行分析，从而定义出具体的交互规则。

（1）向左摆手（r_1）。对应的手势动作为 mt_1，交互条件 condition 为 null。根据以上分析，向左摆手（in_1）对应的交互规则为

$$r_1 = \exists (mt_1)(null) \Rightarrow in_1$$

（2）向右摆手（r_2）。对应的手势动作为mt_2，交互条件 condition 为 null。根据以上分析，向右摆手（in_2）对应的交互规则为

$$r_2 = \exists(mt_2)(null) \Rightarrow in_2$$

4.3　基于数据手套的手势识别算法

4.3.1　操作意图判断的基本思路

如图 4.9 所示的为用户操作意图判断的基本思路。

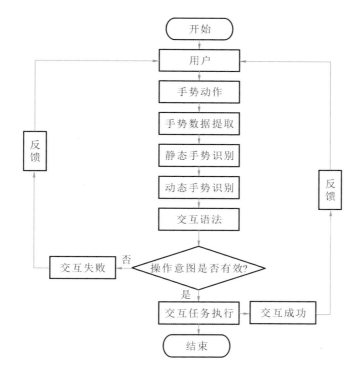

图 4.9　操作意图判断的基本思路

用户操作意图的判断主要包括以下四个方面。

（1）用户做出手势动作，系统使用数据手套、磁跟踪器作为手势输入设备采样手势信息，这些输入设备采集的都是原始的数据流。手势信息包括手的姿态数据，以及位置与角度信息。

（2）对数据手套采集到的手势数据流进行识别，识别出用户当前的手势。识别出的手势是静态手势，对应该时刻用户手的姿态。

（3）识别用户动态手势，如用户手势由手势 1 变化到手势 2，手势变化是操作意图判断的主要依据。

（4）由用户的动态手势、当前相关数据如手的位置和角度，以及上下文状态信息，根据交互语法规则判断出用户的交互意图。

如上所述，手势识别是交互意图判断的重要环节，手势识别的正确性及时效性直接影响用户操作意图判断的准确性。

4.3.2　静态手势识别

基于数据手套的静态手势识别有着以下几个方面的特点：① 连续性。数据手套的传感器以连续的数据流形式输出手势数据，由于数据不断地变化和更新，因此给手势的识别带来了挑战。② 高维度。数据手套有多个传感器，数据输出维度高，数据量大，处理高维度大数据的困难造成手势识别的复杂性[6]。

CyberGlove 数据手套最大的采样频率为 125 Hz，通过数据手套的 SDK 指数提供的函数可以获得每个传感器的输出值。手套共有 22 个关节传感器，每采样一次手势数据，则对应一个特征向量 $X=\begin{bmatrix} x_1 & x_2 & \cdots & x_m \end{bmatrix}^{\mathrm{T}}$，$m$ 为数据手套传感器的个数，$m=22$，每个向量分量就是对应手指关节的弯曲曲度信息。

假设用到的静态手势如表 4.3 所示，共 8 种基本手势，静态手势识别就是要根据采样的手势数据 X 识别出当前的静态手势类别。笔者在研究中采用 k-近邻法来实现对用户静态手势的识别。k-近邻法是一种非常简单有效的分类方法，广泛应用于模式识别的各个领域[7]。该方法的基本思路是计算实时采集到的样本与已训练的模板库样本之间的距离，然后找到距离最近的 k 个邻居样本，最后根据这些邻居样本的所属类别占比，判别实时样品的所属类别。

如图 4.10 所示的为静态手势的识别过程，静态手势识别包括以下两个部分。

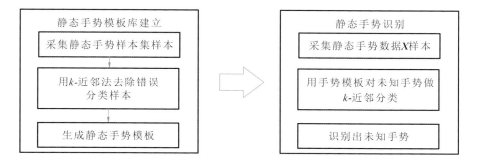

图 4.10 静态手势识别的过程

1. 静态手势模板库的建立

静态手势模板库是静态手势识别的依据,静态手势模板库的准确性直接影响到静态手势识别的结果。此处根据 k-近邻法建立静态手势模板库,具体过程是:应用 k-近邻法对已知类别的手势样本进行重新分类,去掉被错误分类的手势样本,把分类正确的手势样本作为手势模板库,从而清理各个手势类别间的边界,使边界更加清晰。如图 4.11 所示的为建立手势模板库的过程,可以分为以下四个部分。

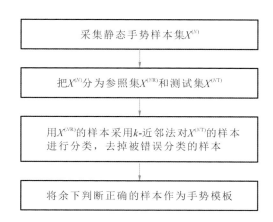

图 4.11 静态手势模板库建立

1)采集静态手势样本集

对于每种手势,重复多次采集该手势的样本数据,得到的所有手势样本即为总的手势样本集 $X^{(N)}$。

2）样本集分组

把采集的每种手势样本随机分为两组，一组作为测试样本集$X^{(NT)}$，另一组作为参照样本集$X^{(NR)}$，即总的手势样本集分为测试样本集和参照样本集等两个部分。

3）对测试样本集的样本进行重新分类

对测试样本集的每一个样本，使用参照样本集作为手势模板进行k-近邻分类。如图 4.12 所示的为使用k-近邻算法对手势样本进行分类的过程，包括以下三个方面。

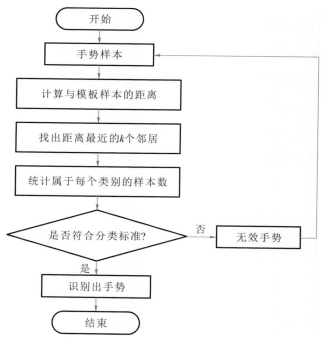

图 4.12 k-近邻算法流程

（1）采用欧几里得距离计算公式分别计算待识别手势样本 x 与已知类别的 $N = \sum_{i=1}^{c} N_i$ 个样本 x_i 的距离 $d_i(x, x_i)$，其中 N 为手势模板样本的总数，N_i 为属于每种手势类别的模板样本总数，c 为手势类别的总数，欧几里得距离计算公式为

$$d_i(x, x_i) = \sqrt{\sum_{j=1}^{m} (x_j - x_{ij})^2} \tag{4.3}$$

（2）选出与 x 距离最近的 k 个手势模板样本，即 $d_i(x, x_i)$ 最小的 k 个样本。分别统计 k 个最近邻样本中属于每类手势的样本个数 $k_n (n = 1, 2, 3, \cdots, c)$，其中，$c$ 为手势类别总数。

（3）选出样本个数最大（$k_{max} = \max(k_n)$）的手势。当 k_{max} 大于手势类别样本总数的 50% 时，则待分类的手势样本属于 k_{max} 对应的手势类别；当 k_{max} 小于手势模板样本数的 50% 时，则判定为无效手势；当有多个 k_{max} 数据相同时，判定为无效手势。

如图 4.13 所示的为两种手势类别 g_1 与 g_2 的分类过程，其中圆形表示属于手势类别 g_1 的模板样本，三角形表示属于手势类别 g_2 的模板样本。通过计算可得未知手势样本的 8 个最近邻模板样本中属于 g_1 的有 6 个，属于 g_2 的有 2 个。由于属于 g_1 的样本数多于 g_2 的样本数，所以判定未知手势样本类别为 g_1。

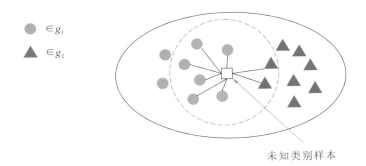

图 4.13　k-近邻分类示意图

4）生成静态手势模板库

比较手势样本的分类结果，如果该手势样本的分类结果和其已知的类别不一致，即该手势样本分类错误，则把它删除掉，如果分类正确，就把它加入到手势模板库，从而最终得到静态手势模板库。

如图 4.14 所示的为去掉错误分类手势样本的过程。其中黑色的图形代表参照集样本，白色的图形代表测试集样本，圆形代表手势类别为 g_1 的手势样本，三角形代表手势类别为 g_2 的手势样本。对测试集的每个样本使用 k-近邻法进行分类，从图 4.14 可以看出，手势样本 X_q 被分为 g_1，而已知 X_q 是属于手势类别为 g_2 的样本，显然其被错误分类，应该从测试集中删除掉。

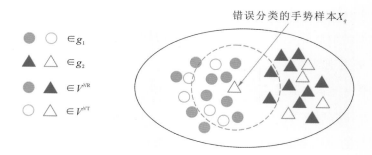

图 4.14 去掉错误分类的样本

2. 静态手势识别

如图 4.15 所示的为静态手势识别的过程,主要包括以下两个方面。

(1) 将数据手套采集的当前手势数据样本作为待识别手势样本。

(2) 对待识别手势样本使用手势模板库进行 k-近邻分类,方法和上述生成手势模板过程的分类方法一致,从而识别出用户当前做出的是哪种手势。

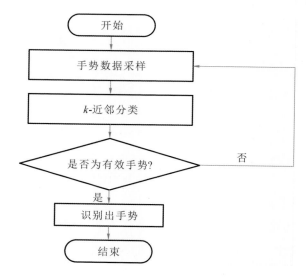

图 4.15 手势识别过程

4.3.3 动态手势识别

动态手势识别是根据用户依次做出的静态手势识别出有效的手势序列,如图 4.16 所示的为动态手势识别的过程。在序列识别过程中,根据实时识别出的用户静态手势按设定的规则对序列槽进行填充,序列槽一旦填充完整即可识别出有效的手势序列。

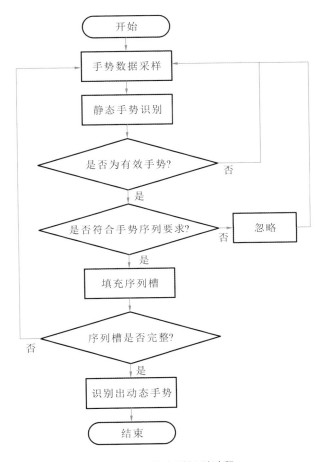

图 4.16　手势序列识别过程

如图 4.17(a)所示的为手势序列槽。手势序列槽的填充规则如下。

(1) 手势序列槽为空,根据表 4.4 中有效的手势序列开始位置手势为 g_1,当检测到的静态手势为以上开始位置手势时,对手势序列槽的第一项进行填充。当检测到的手势为其他的静态手势如 g_2、g_3 等则忽略,不做处理。

(2) 手势序列槽第一项开始位置手势已填充(如 g_1),若再次检测到 g_1 则保持不变。当检测到有效手势序列中的结束位置手势(如 g_2)时,则将其填充,结束位置手势。

(3) 手势序列槽填充完成(如第一项开始位置手势为 g_1,第二项结束位置手势为 g_2),则动态手势识别成功,交由下一层判断用户的操作意图,同时手势序列槽清空。

（4）由于手的动作过程需要一定的时间，所以动态手势识别由开始位置手势填充到完成填充的过程对应一定时间范围，这里假设一次手势操作时间小于 2 s，即从填充序列槽第一项开始计，若操作时间大于 2 s 而序列槽还没有填充完整，则重新对序列槽第一项进行填充。

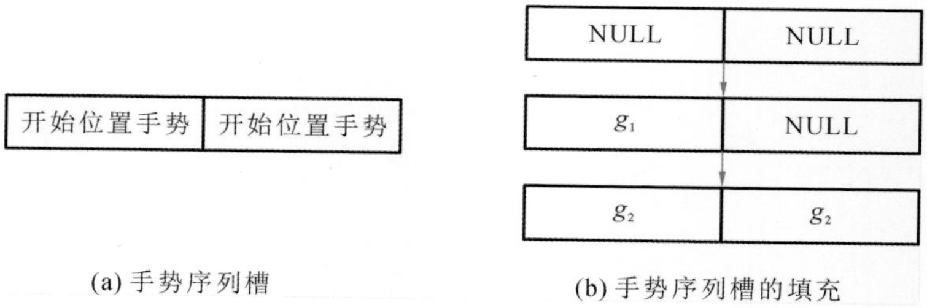

NULL	NULL
g_1	NULL
g_2	g_2

| 开始位置手势 | 开始位置手势 |

(a) 手势序列槽   (b) 手势序列槽的填充

图 4.17　手势序列槽

参 考 文 献

[1] 陈广文，杨文珍，吴新丽，等. 基于 PPT 跟踪器和 Cyber 手套的虚拟手交互[J]. 浙江理工大学学报，2013，30(4)：554-557.

[2] CyberGlove Systems Inc. CyberGlove II. [EB/OL]. [2017-06-28]. http://www. cyberglovesystems. com/cyberglove-ii/.

[3] 吴悦明，何汉武，张帆，等. 增强现实车间布局设计的交互操作方法[J]. 计算机集成制造系统，2015，21(5)：1187-1192.

[4] 张帆，吴悦明，李晋芳，等. 大范围增强现实环境下的制造单元快速布局系统[J]. 装备制造技术，2014(8)：136-137，151.

[5] 张帆. 面向增强现实车间布局设计系统的人机交互语义模型[D]. 广州：广东工业大学，2014.

[6] 郑犇，沈旭昆. 基于连续数据流的动态手势识别算法[J]. 北京航空航天大学学报，2012，38(2)：273-279.

[7] 乔玉龙，潘正祥，孙圣和. 一种改进的快速 k-近邻分类算法[J]. 电子学报，2005，33(6)：1146-1149.

第 5 章
基于机器视觉的交互方法

基于机器视觉的徒手交互方法与基于数据手套的交互方法一样,也是通过定义基本手势,再根据基本手势的不同组合生成相应的语义,最终形成有效的操作指令。所不同的是,基于机器视觉的交互方法不需要让用户借助任何外部设施,因而具有硬件成本低、损耗少、不会给用户添加额外负重等优点。因此,基于机器视觉的徒手交互方法更适于推广,更适合成为一种大众化的交互手段。

本章将对于基于机器视觉的徒手交互方法的基础理论及其实现方法进行详细的介绍。

5.1 基础理论与方法

5.1.1 徒手交互的基本处理流程

本章所指的徒手交互是指利用计算机视觉技术对摄像机进行采样所得到的视频信号进行处理,最终实现用户用双手与计算机进行信息交流的整个处理过程的技术。徒手交互的具体流程(见图 5.1)包括以下几步。

(1)手部分割 即把手部从复杂背景中分割出来。

(2)手势识别 对从手部分割得到的待检测区域进行分析,识别当前的手势状态。

(3)手部跟踪与定位 通过摄像机所处的位置信息以及手在视频帧中的位

置确定人手在三维空间中的位置。

（4）用户操作意图判断　根据用户的手当时所处的位置、所做的手势动作及其运动的轨迹，对用户意图进行判定。

（5）人手与虚拟物体之间的遮挡关系处理　根据人手以及虚拟物体所在的位置，判定人手与虚拟物体之间的遮挡关系。

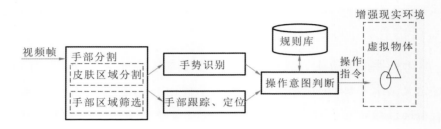

图 5.1　徒手交互处理流程

无论是基于深度摄像机（如 Kinect）还是基于是普通的 WebCam 摄像机来实现徒手交互，其操作意图判断方法均一样，不一样的仅仅是手部分割的算法以及手势识别的方法。

5.1.2　双手交互的操作意图判断方法[1]

1. 用户操作动作特征

与真实物体之间的交互相类似，用户对虚拟物体的常用基本操作主要有四种：① 选定或取消选定物体；② 移动物体；③ 旋转物体；④ 缩放物体。在接近自然的交互过程中，这四种基本操作由于存在着多个未知参量（如位移、移动路径、旋转角度、缩放比例等）以及操作的多变性等，因此，并不能仅仅依靠单个手势而实现，而是需要一系列的手部动作（包括手势、人手位置的变化）才能够完成。用户的基本操作一般具有如下三个特点。

1）需要多个手势互相配合完成

一个基本操作往往无法依赖单个手势快速完成，大多数的时候都需要多个手势相互配合才能达到预定的目标。如图 5.2 所示，当移动一个虚拟物体时，需要使用两个不同的手势（即手势 3 与手势 5，本节所有手势定义见图5.9，下同），并配合一定的动作信息——先利用手势 3 接近虚拟物体，在接近物体后，再使用手势 5 对虚拟物体进行抓取（选定操作，即把人手与虚拟物体绑定在一起）。这时，保持手势 5 的状态并改变人手的位置，虚拟物体根据人手位置的改变而做出相应的改变。在虚拟物体移动到目标位置后，手势从手势 5 变为手势 3，即实现人手与虚拟物体的放开操作（即解除人手与虚拟物体之间的绑定关系），完成整个移动操作。

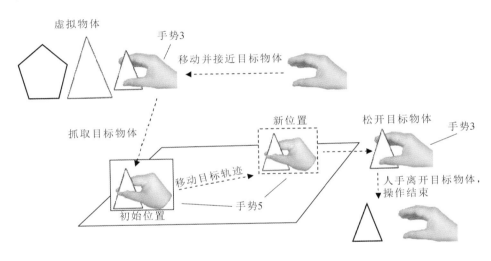

图 5.2　人手移动虚拟物体的操作动作分解

2）同一手势的多义性

在不同的状态下，即使是同一手势也会包含不同的含义。如图 5.2 所示的虚拟物体移动过程中，在未选定目标物体前，手势 3 的动作有选定物体的含义，而在目标物体被抓取后，手势 3 的动作即表示放开物体。

3）不同的手势组合可能含有相同的操作意图

同一基本动作，在不同的条件下可以使用不同的手势来实现。如图 5.3（a）与（b）所示，虽然使用了不同的手势或动作，用户的操作目的也有所不同，但它们均含有当前物体已被选中的操作意图。

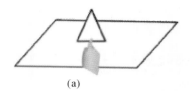　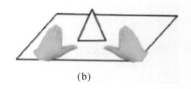

(a)　　　　　　　　　　　　(b)

图 5.3　　包含物体已被选中的示例

2. 操作过程

综上所述可知,用户在对某个虚拟物体进行操作时,需要进行一系列或相同或不同的动作才能够准确地完成其操作意图。因此,对用户操作意图进行判断,首先需要对用户的动作进行分解,把动作分解成若干个相对较为独立且能够通过当前的状态、用户手势、人手位置等信息唯一地确定用户意图的动作。

由上述可知,移动虚拟物体的操作过程主要分为以下几个阶段。

（1）预备阶段　在预备阶段中,用户需要指定目标物体并记录目标物体的初始状态,如初始位置、旋转角度、显示比例等。

（2）实施阶段　在实施阶段中,系统需要根据人手的当前动作、所选定的虚拟物体的初始位置、旋转角度、显示比例等信息来改变虚拟物体的状态,以便达到用户的预期目标。在该阶段,系统采取的是排他性的判断方式,即只接受该操作的合法操作动作,而忽略混杂了其他操作含义的非法动作。

（3）结束阶段　在用户完成操作后,做出相应的动作,系统可根据该动作判断该操作是否已完成或已被取消,从而对系统状态进行重置、释放被选中物体以等待新的操作的开始。

3. 操作意图具体判断及其执行逻辑

由上述的操作定义可知,每个基本操作都包含准备阶段、执行阶段与结束阶段,具有一定的连贯性。但是就摄像机所捕捉到的单幅视频帧而言,人手的动作是相对静态的,即只能表达连贯动作内的某一时刻的人手状态。显然我们无法从单幅视频帧获得用户欲执行的指令所需的全部参量(如旋转角度、缩放比例、移动距离等)。因此,需要对视频的多个连续的视频帧进行分析,才能较准确地对用户的操作意图做出判断,并正确地执行用户的指令。具体判断流程如图 5.4 所示。

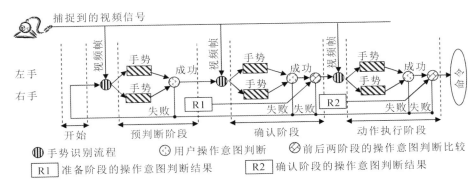

图 5.4　双手交互的操作意图判断流程

从图 5.4 可知,整个判断流程分为三个阶段。

(1) 预判断阶段　在该阶段里,系统根据当前左、右手所做的手势,对用户的操作意图进行初步的判断,如果发现左、右手的规则与规则库所列的条件相符,则说明已成功对用户的操作意图进行初步的判断,则判断流程进入确认阶段。

(2) 确认阶段　确认阶段使用与预判断阶段一样的判断规则对用户的操作意图进行判断,然后将其判断结果与预判断阶段的判断结果对比,如果两个阶段的判断结果一致,则认为已成功判断出用户的操作意图,并把两手当前的状态(包括所做的手势、各特征点的世界坐标值)记录下来,以便作为操作执行参数的计算基准。如果两阶段的判断结果不一致,则认为判断失败,结束当前的判断流程,重新开始新的判断流程。

(3) 执行阶段　进入执行阶段后,系统再根据与预判断一样的判断规则,根据用户当前的手势状态对其操作意图进行判断,如果判断结果与前一阶段一致,则记录下当前双手的状态,再与前一阶段所得到的双手状态做对比,以便正确执行用户所发出的操作指令。如果判断结果与前一阶段不一致,则结束当前的判断流程,重新开始新的判断流程。

5.2　基于普通摄像头的徒手交互方法与实现

5.2.1　复杂背景下的手部分割算法

采用背景比较法与基于色度空间的皮肤分割算法相结合的方法对手部区

域进行分割,从而在保证实时性需求的情况下,降低光照因素对环境的影响,提高分割算法的鲁棒性,这种方法可称为自适应性的背景比较法。这里所说的自适应性主要是指作为基础参照物的背景图能够根据环境光或环境物品的位置或状态等的改变,自动做出适当的调整,以便在未来的比较运算中尽可能多地消除非手部的误判区域,使算法的鲁棒性得到提高,并有效减少基于色度空间的运算时间[1]。

该方法的具体思路如图 5.5 所示。

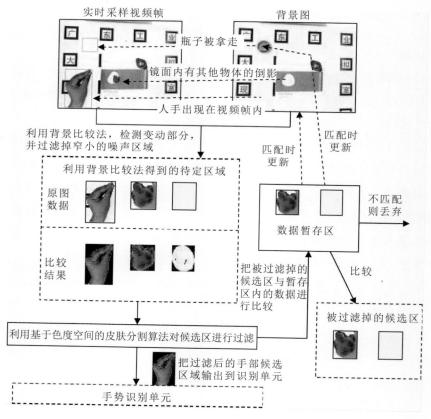

图 5.5　背景比较法与基于色度空间的皮肤分割算法相结合的人手分割基本思路

首先利用背景比较法快速地把与背景参照图的对应像素相同的像素去掉,然后利用基于色度空间的皮肤分割算法对剩下的像素进行进一步的过滤,把一些原始背景参照图没有的非皮肤像素区域标识出来,如果暂存区内已有数据,则与暂存区内的数据进行比较,如果暂存区内的数据与过滤得到的区域数据相匹配,则刷新暂存区内对应图像区域的保存时间项。如果暂存区的数据与过滤得到的区域的不相匹配,则把暂存区的相应数据丢弃。在暂存区内的非皮肤像素区域在连续一段时间内保持稳定后,用这个区域的相关像素替换掉原始背景图内的对应像素,从而达到自动更新背景图的目的。

1. 背景比较法的算法实现

传统的背景比较法把目标视频帧内的单个像素点与预设背景图中相应的像素点进行比较,容易受到随机噪声、光照强度变化等的影响。为了减少这些影响,不采用常规单一像素的逐点对比,而采用把背景图与当前帧分割成若干个大小不同的正方形分割块,然后把这些分割块进行对比的方法,如果当前帧的分割块内所有像素的平均值与背景图相对应分割块内所有像素的平均值相匹配,则认为该分割块内的所有像素点与背景图内所对应的分割块内的所有像素点一样,否则,认为该分割块内的所有像素点已被改变。

记背景图为 I_b,且背景图 I_b 可分割成 N 个 $T \times T$ 大小的连续分割块 B_i^b,则 I_b 与 B_i^b 之间的关系为

$$I_b = \langle B_i^b, i = 0, 1, 2, \cdots, N-1 \rangle \tag{5.1}$$

此外,记在分割块 B_i^b 内的像素点集为 $\{p_j^{bi}, j = 0, 1, 2, \cdots, T \times T - 1\}$,而在分割块 B_i^c 内的像素点集为 $\{p_j^{ci}, j = 0, 1, 2, \cdots, T \times T - 1\}$。因此,分割块 B_i^b 的像素点集的 RGB 分量值的平均值为 $(R_{B_i^b}, G_{B_i^b}, B_{B_i^b})$,而分割块 B_i^c 内的像素点集的 RGB 分量值的平均值为 $(R_{p_j^{bi}}, G_{p_j^{bi}}, B_{p_j^{bi}})$,其表达式分别为

$$[R_{B_i^b} \quad G_{B_i^b} \quad B_{B_i^b}] = \left[\frac{\sum_{j=0}^{T \times T - 1} R_{p_j^{bi}}}{T \times T} \quad \frac{\sum_{j=0}^{T \times T - 1} G_{p_j^{bi}}}{T \times T} \quad \frac{\sum_{j=0}^{T \times T - 1} B_{p_j^{bi}}}{T \times T} \right] \tag{5.2}$$

$$[R_{B_i^c} \quad G_{B_i^c} \quad B_{B_i^c}] = \left[\frac{\sum_{j=0}^{T \times T - 1} R_{p_j^{ci}}}{T \times T} \quad \frac{\sum_{j=0}^{T \times T - 1} G_{p_j^{ci}}}{T \times T} \quad \frac{\sum_{j=0}^{T \times T - 1} B_{p_j^{ci}}}{T \times T} \right] \tag{5.3}$$

计算出 $[R_{B_i^b} \quad G_{B_i^b} \quad B_{B_i^b}]$ 与 $[R_{B_i^c} \quad G_{B_i^c} \quad B_{B_i^c}]$ 后,对这两组值进行比较,如果两组的分量值不匹配,则认为该分割块 B_i^c 内的所有像素已发生变化,其所有像素点的 RGB 分量值均不需要改变,否则,认为该分割块内 B_i^c 的像素均没发生变化,其所有像素的 RGB 分量值均被置为 0(即设为黑色),其逻辑式为

$$
\begin{bmatrix} R_{p_j^{ci}} \\ G_{p_j^{ci}} \\ B_{p_j^{ci}} \end{bmatrix} = \begin{cases} \begin{bmatrix} R_{p_j^{ci}} \\ G_{p_j^{ci}} \\ B_{p_j^{ci}} \end{bmatrix}, & |R_{B_i^b} - R_{B_i^c}| > \mu_T \cap |G_{B_i^b} - G_{B_i^c}| > \mu_T \cap |B_{B_i^b} - B_{B_i^c}| > \mu_T \\[4mm] \begin{bmatrix} 0 \\ 0 \\ 0 \end{bmatrix}, & \text{其他} \end{cases}
$$

$$(5.4)$$

式中：μ_T——允许误差值。

在所有的分割块全部比对完后，还需要对当前帧 I_c 内的非零像素点进行归类整理，把互相连接的非零像素点划分到同一个区域。这些归类好的区域就是手部的候选区。

然后，定义一个 30×30 且所有元素均为 1 的模板矩阵

$$
\boldsymbol{M}_T = \begin{bmatrix} 1 & \cdots & 1 \\ \vdots & \ddots & \vdots \\ 1 & \cdots & 1 \end{bmatrix}_{30 \times 30}
$$

$$(5.5)$$

利用 $\boldsymbol{M}_T$ 对当前帧 I_c 进行逐行遍历，同时将 $\boldsymbol{M}_T$ 跟当前帧 I_c 内的相同大小的像素区域 $\boldsymbol{M}_{I_c}$ 进行与运算。

（1）如果 $\boldsymbol{M}_T$ 的首末两行或首末两列的所有元素均为零，则当前帧 I_c 区域内的所有像素都属于非候选区域，将该区域内的所有像素均予以排除，否则进行下一步。

（2）如果 $\boldsymbol{M}_T$ 的所有行内的所有元素不全为零，则 $\boldsymbol{M}_{I_c}$ 区域向下添加一行，直至某一行的所有元素不全为零为止，然后进行下一步。

（3）将 $\boldsymbol{M}_T$ 的左边列向左扩展，直至某一列的所有元素全为零为止；将 $\boldsymbol{M}_T$ 的右边列向右扩展，直至某一列的所有元素不全为零为止。

（4）对已进行了上述变换后的矩阵 $\boldsymbol{M}'_T$ 进行非零点的相邻连续性检查，即对所得到的 $\boldsymbol{M}_T$ 区域内的所有非零元素进行遍历，如果该区域内的元素均不是非零元素，则认为该点为非连续点，把该点设为零。具体运算逻辑式为

$$
p_i^{cg} = \begin{cases} 0 & ，满足条件（1） \\ 255 & ，其他 \end{cases}
$$

$$(5.6)$$

（i）当非零点 p_i^{cg} 为第一列的元素时，条件（1）为

$$
\begin{bmatrix} p_i^{cg} & p_{i+1}^{cg} \\ p_{i+w_{M_T}}^{cg} & p_{i+w_{M_T}+1}^{cg} \end{bmatrix} = \begin{bmatrix} p_i^{cg} & 0 \\ 0 & 0 \end{bmatrix} \tag{5.7}
$$

式中：W_{M_T}——当前矩阵 $\boldsymbol{M}_T$ 的宽度值（即一行中包含多少个元素）。

（ii）当非零点 p_i^{cg} 为最后一列的元素时，条件（1）为

$$
\begin{bmatrix} p_{i-1}^{cg} & p_i^{cg} \\ p_{i+w_{M_T}-1}^{cg} & p_{i+w_{M_T}}^{cg} \end{bmatrix} = \begin{bmatrix} 0 & p_i^{cg} \\ 0 & 0 \end{bmatrix} \tag{5.8}
$$

（iii）当非零点 p_i^{cg} 为区域的其他元素时，条件（1）为

$$
\begin{bmatrix} 1 & 1 & 1 \\ p_{i-1}^{cg} & p_i^{cg} & p_{i+1}^{cg} \\ p_{i+w_{M_T}-1}^{cg} & p_{i+w_{M_T}}^{cg} & p_{i+w_{M_T}+1}^{cg} \end{bmatrix} = \begin{bmatrix} 1 & 1 & 1 \\ 0 & p_i^{cg} & 0 \\ 0 & 0 & 0 \end{bmatrix} \tag{5.9}
$$

最后得到的该区域则为候选区域。

2. 基于 YCbCr 色度空间的手部分割算法

应用背景比较法得到的候选区域可能存在很多非人手区域。因此，还需要进一步对所得到的候选区域进行分析与处理，以便把非人手区域与人手区域完全区别开来。

使用的 1 840 张原始照片均采用奥尼酷客至尊版摄像机（内置弱光增益、有效刷新频率为 30 f/s）获取。这些照片是在不同背景、不同光照环境下，对不同的男性及女性的黄种人的人手进行拍照所获得的。在获得照片后，使用手工的方法把照片中的皮肤数据、非皮肤数据单独提取分离出来，进行独立的统计。最终得到的肤色像素分布如图 5.6 所示。

人手皮肤 $S_h(x,y)$ 在 Cb-Cr 平面内的数学模型为

$$
S_h(x,y) = \frac{x^2 (\cos\alpha - \sin\alpha - x_c\cos\alpha + y_c\sin\alpha)^2}{a}
$$
$$
+ \frac{y^2 (\sin\alpha + \cos\alpha - x_c\sin\alpha + y_c\cos\alpha)^2}{b}
$$
$$
\leqslant 1 \tag{5.10}
$$

式中：a、b、α、x_c、y_c——根据三个椭圆的长轴、短轴的四个顶点坐标确定的系数。

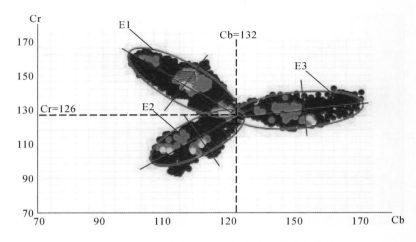

图 5.6　人手皮肤在 YCbCr 色度空间的分布规律

3. 背景图的自动更新逻辑及实现

基于色度空间的手部分割算法不仅能够把人手从复杂背景中更为准确地分离出来,并且还可以把一些非人手但相对于原始背景图而言却也发生了变化的区域标识出来。这些非人手皮肤的变化区域将用于更新原始背景图,以便下一次比较时能够减少基于色度空间的手部分割算法的运算量,使运算效率得到相应的提高,达到提高整个人手分割过程的鲁棒性与实时性的目的。

非人手皮肤区域自动更新到背景图中的总体流程如图 5.7 所示。从图 5.7可知,整个自动更新周期分为以下三个阶段。

1) 初始化阶段

在摄像机捕获视频帧后,系统会利用上述的背景比较法与基于色度空间的手部分割算法把人手皮肤区域和背景图不一样的非人手皮肤区域(即非人手皮肤的变化区域)分割出来。其中,非人手皮肤区域将被推送到暂存区内保存起来。在某一指定时刻里,系统用于保存非人手皮肤区域的暂存区有且只有两个,一个用于保存前一视频帧所分割出来的非人手皮肤区域(记为暂存区 A),另一个则用于保存当前视频帧所分割出来的非人手皮肤区域(记为暂存区 B)。

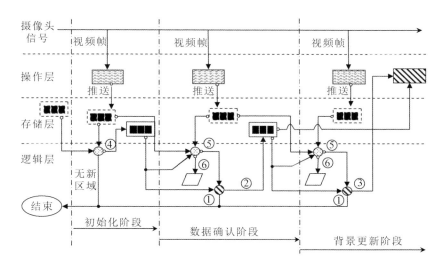

图 5.7 背景图自动更新的逻辑运算流程

图例说明

1. 从视频帧中分割出非人手皮肤区域;

2. 保存非人手皮肤区域的缓存区,该缓存区数据在整个更新周期内除非被删除或更新,否则不会被自动清除,图中的多个缓存区图例均表示同一个缓存区;

3. 保存非人手皮肤区域的暂存区,该暂存区数据只在当前阶段有效,当前阶段结束后,暂存区数据被系统清空,图中的多个暂存区图例分别表示不同阶段的图例;

4. 创建新的自动更新进程;

5. 把缓存区内的非人手皮肤区域数据更新到背景图内;

6. 进行非人手皮肤区域粗匹配;

7. 对暂存区与缓存区相匹配的非人手皮肤区域进行数据比较;

8. ①当暂存区与缓存区相匹配的非人手皮肤区域的比较结果不满足阈值要求时,结束该更新进程,缓存区数据被清空;

9. ②当暂存区与缓存区相匹配的非人手皮肤区域的比较结果满足阈值要求时,对缓存区内的非人手皮肤区域的属性进行更新,并等待进入背景更新阶段;

10. ③当暂存区与缓存区相匹配的非人手皮肤区域的相似度满足阈值要求时,更新背景图,完成该更新进程;

11. ④若进程开始前一阶段与当前阶段的暂存区数据进行区域粗匹配时发现新的非人手皮肤区域,则把该区域推送到缓存区,完成数据准备阶段,等待下一阶段的开始;

12. ⑤把当前阶段的暂存区非新发现的数据与缓存区数据做相似度比较;

13. ⑥为当前阶段的暂存区新发现的数据开辟新的自动更新进程;

14. ⇒图像数据;

15. →操作流程。

在两个暂存区都有数据的时候,系统会对两个暂存区内的非人手皮肤区域进行粗匹配。当发现暂存区 B 内有某个非人手皮肤区域,而在暂存区 A 中不存在相应的匹配区域时,系统为该非人手皮肤区域开始一个背景图自动更新进程,并把该区域复制到进程内的缓存区保存起来,这时自动更新周期中的数据初始化阶段完成,系统等待下一视频帧的到来而进入下一阶段。

2)数据确认阶段

数据确认阶段主要用于判定初始化阶段所确立的待更新非人手皮肤区域是否立即发生变化,以保证待更新的非人手皮肤区域内的图像信息具有一定时长的稳定性,达到防止背景图被频繁更新的目的,这样有利于保证整个分割过程的实时性,避免过多的时间被耗费在背景图的更新上。数据确认的具体流程如下。

当分割出来的所有非人手皮肤区域被推送到暂存区 B 内时,首先与暂存区 A 内的非人手皮肤区域进行粗匹配,如果发现暂存区 B 内存在暂存区 A 所没有的非人手皮肤区域,则为该区域开辟新的背景图自动更新进程。同时,把与待更新的非人手皮肤区域相匹配的区域挑选出来,进行数据比较,以判断待更新的非人手皮肤区域是否已发生变化。

考虑到即使是同一相对静止的区域,由于环境光、人员路过,以及摄像机内部本身等复杂因素的影响,前后两帧的相匹配区域的中心点以及区域的大小可能均会有细微的变化,因此,缓存区的待更新非人手皮肤区域(以下简称"待更新区域")与暂存区内与之对应的非人手皮肤区域(以下简称"暂存区非人手皮肤区域")的中心点可能并不是对应点。为防止因中心点不对应而导致数据比较失败,此处采用基于相关方式的方法在暂存区非人手皮肤区域中找出与待更新区域的中心点相对应的点。

记以某一非人手皮肤区域某一点为中心,大小为 $m \times n$ 的子图像窗口为邻域窗口。由此,我们可以把待更新区域中心点的邻域窗口称为待更新中心邻域窗口,把暂存区非人手皮肤区域内的某一点的邻域窗口称为暂存邻域窗口。暂存区非人手皮肤区域的圆形区域为待更新区域中心点在暂存区非人手皮肤区域的对应点的搜索范围,以便对以圆内的所有点作为中心点的邻域窗口与待更新中心邻域窗口进行相似度比较。该圆形区域以暂存区非人手皮肤区域的中心点 $p_{tc}(x_{tc}, y_{tc})$ 为中心,其半径为 5mm。

设待更新区域的中心点在视频帧内的坐标为 (x_{nhc}, y_{nhc}),$S(x, y)$ 为在待更新区域的中心邻域窗口与暂存区非人手皮肤区域在视频帧内的坐标值为 (x, y) 的像素点的邻域窗口(即暂存邻域窗口)的相似度,$T(x, y)$ 为待更新区域在视频帧内的坐标值为(x,y)的像素点的灰度值,而$I(x,y)$为暂存区非人手皮肤区域在视频帧内的坐标值为(x,y)的像素点的灰度值。

如果对于某一点(x_m,y_m),其相似度$S(x_m,y_m)$小于阈值T_{hm},且该点的相似度$S(x_m,y_m)$是在搜索范围内的所有点的相似度中最小的一个,则该点为在暂存区非人手皮肤区域上的与待更新区域的中心点相对应的点。其数学表达式为

$$S(x_m,y_m) = \min(S(x_0,y_0),S(x_1,y_1),\cdots,S(x_i,y_i)),$$
$$\forall(x_i,y_i)\in \wp:(x_i-x_{nhc})^2+(y_i-y_{nhc})^2$$
$$\leqslant 10^2 \tag{5.11}$$

在得到暂存区非人手皮肤区域上的与待更新区域的中心点相对应的点(x_m,y_m)后,可对暂存区非人手皮肤区域与待更新区域进行配准并得到两个区域的公共区域,如图 5.8 所示。

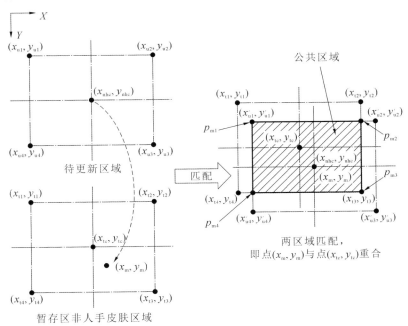

图 5.8　两待配准区域的公共区域

如果待更新区域与暂存区非人手皮肤区域的公共区域内的 90% 或以上的像素点均满足阈值要求,则认为待更新区域没有发生改变,进入下一周期,否则认为待更新区域已发生变化,结束整个自动更新流程。

3）背景更新阶段

背景更新阶段会再使用与数据确认阶段相同的方法对两个区域进行数据检查,如果待更新区域的数据仍然没有发生任何变化,则把待更新区域的数据

更新到背景图对应的位置上，以便完成整个背景更新阶段。

5.2.2 基于关键特征点的手势识别算法

人手是一种复杂多变的几何形体[2,3]，不同的人、不同的种族、不同性别的人的手部外形（如手掌的大小、手指的长短，以及各个手指之间的长短比例、手掌与手指之间的比例等）均存在或多或少的差别。同时，手势具有一定的随意性，即便是同一个人，在不同时间里做同一个手势，其形状也会有一定的差别。如果是不同的人去做同一个手势，则由于本来的手部外形就存在差异，再加上动作的误差，其手形及状态与标准手势模板会有更大的差别。上述的客观因素增加了用传统基于模板匹配的方法来对手势进行识别的难度，同时也对用户做出的每个指定的手势的要求更为严格，严重影响了用户的体验及识别的鲁棒性，增加了操作培训成本，且降低了整体的工作效率。此外，传统的基于模板匹配的手势识别方法不仅需要大量的标准化案例样本通过模糊神经网络等方法对系统进行训练，以提高识别的准确率，而且随着标准化案例样本数量的增多，对系统内存的消耗也会大幅增加，系统用于比较的时间也会相应增加，从而影响整个识别过程的实时性与运行效率。

虽然不同的人手其外形轮廓都会有所区别，但不同的人或同一个人在不同时刻做同一手势时，其每个手指之间的相对位置、手掌与手指之间的相对位置等基本几何约束关系却能够保持一定的稳定性与不变性。基于这一事实，本小节提出一种基于关键特征点的手势识别方法，即利用拇指尖、食指尖、掌心、拇指与食指之间的凹点，以及手内所包含的中空区五个特征点对图5.9所示的五种基本手势进行描述。这五种基本手势是根据50名受测者分别点选、移动、旋转一个真实的杯子，以及拉伸压缩一个海绵（代替缩放动作）所使用的自然手部动作进行归纳整理后获得的，可代表约80%的进行点选、移动、旋转，以及缩放操作时所使用的自然手部动作。

所关注的手部特征点主要有五处（见图5.9）：① 食指尖；② 拇指尖；③ 食指与拇指之间的凹点（下面简称凹点）；④掌心位置；⑤ 手内所包含的中空区（下面简称中空区）。其中，我们认为掌心位置区域为皮肤像素点最多且最大的区域；而中空区则是被大量皮肤像素完全包围的非人手皮肤区域。

对于食指尖、拇指尖与凹点，可以根据包围着人手的凸多边形内的凹陷区的数量、位置等信息间接获得。包围人手的凸多边形（称为人手凸边形）与凹陷区的定义如下。

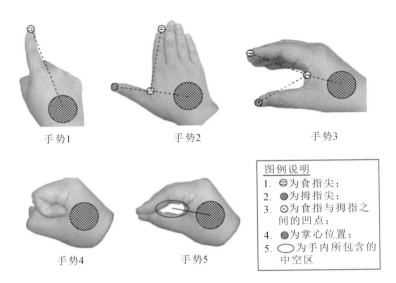

手势1　　　　　　　　手势2　　　　　　　　手势3

手势4　　　　　　　　手势5

图例说明
1. ⊖为食指尖；
2. ◨为拇指尖；
3. ⊖为食指与拇指之间的凹点；
4. ⊕为掌心位置；
5. ⬭为手内所包含的中空区

图 5.9　基于特征点的右手手势描述

人手凸边形——对于每一个独立的人手区域至少存在一个能把人手完全包围的凸多边形，而且该多边形具有两个基本特性：① 其顶点都在人手的边缘线上；② 其所有顶点都在其边线的同一侧。

凹陷区——如果在凸多边形内存在一个符合以下两点的区域，则该区域称为人手的凹陷区：① 该区域内的所有像素点为非人手皮肤像素；② 该区域总有至少一条边与人手凸边形的边线重合。

由图 5.10 可知，每一个手势都存在多个凹陷区。这里，我们只对面积较大的凹陷区进行研究与分析。如图 5.10 所示，手势 1 存在两个较大的凹陷区，而食指刚好在这两个凹陷区 1、2 的中间，因此，我们可以认为食指尖在凹陷区 1 的上顶点位；而手势 2 与手势 3 只有一个凹陷区，且食指尖、拇指尖与食指与拇指之间的凹点刚好在这个凹陷区的顶点上。

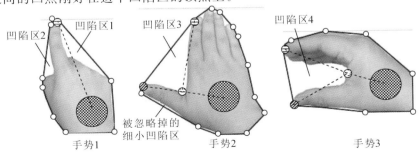

凹陷区2　　凹陷区1　　　　凹陷区3　　　　　　凹陷区4

被忽略掉的细小凹陷区

手势1　　　　　　　　手势2　　　　　　　　手势3

图 5.10　人手特征点与凹陷区之间的关系

由此可见,我们只要能够找到凹陷区、手掌心,那么我们就可以把食指尖、拇指尖,以及食指与拇指之间的凹点这三个关键部分确定下来。整个搜索与手势识别流程如图 5.11 所示。

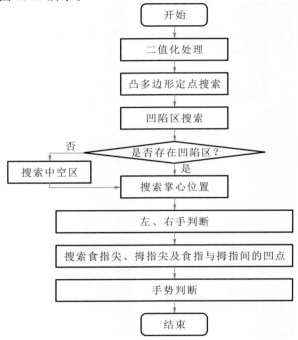

图 5.11　人手特征点搜索及手势识别流程

1. 二值化处理

由于通过 5.2.1 小节所述的方法分割出来的待检测人手区域内,所有非人手皮肤像素已经被设置为黑色,只剩下人手皮肤像素保留原有的 RGB 分量值,因此,有

$$f(x) = \begin{cases} 255, & R > 30, B > 30 \text{ 或 } G > 30 \\ 0, & \text{其他} \end{cases} \tag{5.12}$$

可以通过式(5.12)生成人手的二值化图片,把人手皮肤像素变为白色,而把非人手皮肤像素变为黑色。

2. 凸多边形顶点的搜索

根据前述的定义可知,人手凸边形的各个顶点均在人手的边缘线上,而且所有人手皮肤像素均在两个相邻顶点之间的连线同一侧。因此,人手凸边形的起始点可以随意选取,只要选取下一个顶点时满足上述条件即可。为统一起见,我们以人手边缘上的最左下角的点 P_0 作为凸多边形的第一个顶点(记为

V_0），并按逆时针的顺序对人手边缘上的点进行遍历(见图 5.12)。

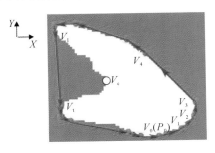

说明:
考虑到印刷后阅读
方便，图中的黑色
部分使用颜色深度
较浅的灰色代替。

图 5.12　凸多边形顶点搜索流程

由图 5.12 可知,所有的皮肤像素点均在相邻两个凸多边形的顶点的连线左侧。同时,从图 5.12 很容易看出,只要保证人手边缘上的点都在相邻两个凸多边形的顶点的连线左侧,则其他人手内部的皮肤像素点就一定在相邻两个凸多边形的顶点的连线左侧。假设人手边缘上的所有点集为$\{P_i, i=0,1,2,\cdots,n\}$,则如果人手边缘点集的某点$\{V_i, i=0,1,2,\cdots,n\}$满足

$$\text{area}(\overrightarrow{V_{i-1}, V_i, P_i}) = \frac{1}{2!} \begin{vmatrix} x_{vi-1} & y_{vi-1} & 1 \\ x_{vi} & y_{vi} & 1 \\ x_{pi} & y_{pi} & 1 \end{vmatrix} \geqslant 0 \quad i \in (0,1,2,\cdots,n) \tag{5.13}$$

则这个点为凸多边形的其中一个顶点。

3. 凹陷区的搜索

对于图 5.9 所示的五种常用手势,一般情况下,人手凸边形的边线内侧会存在一些面积细小的凹陷区。这些细小凹陷区对手势的识别并没有过多的影响,因此,在这里,我们会把一些比较细小的凹陷区忽略掉,只把面积或长宽满足一定条件的凹陷区域认为是有效凹陷区域。从图 5.13 可以看出,对于手势 1 ～手势 3,凹陷区可以近似地看作一个以人手凸边形中与该凹陷区相接的边线作为底边的三角形,即假设凸多边形相邻的两点 V_{d1}、V_{d2} 相连的边线存在非人手皮肤区域,那么,在与该非人手皮肤区域邻接的人手边缘上找出到 V_{d1}、V_{d2} 相连的边线距离最大的点 V_{d3},其逻辑表达式为

$$d(x_{d3}, y_{d3}) = \max(d(x_1, y_1), d(x_2, y_2), \cdots, d(x_i, y_i)) \geqslant \delta_d, \quad (x_i, y_i) \in D \tag{5.14}$$

式中:D——与该非人手皮肤区域邻接的人手边缘上的所有点的集合;

　　　δ_d——最小距离值,用于排除一些窄小的非人手区域。

点到 V_{d1} 与 V_{d2} 之间的连线的距离 d 为

$$d(x,y) = \frac{(y_{d1}-y_{d2})x + (x_{d2}-x_{d1})y + (x_{d1}y_{d2}-x_{d2}y_{d1})}{\sqrt{(y_{d1}-y_{d2})^2 + (x_{d1}-x_{d2})^2}} \qquad (5.15)$$

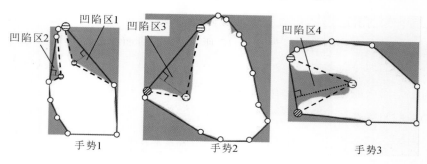

图 5.13　凹陷区的几何特征

4. 搜索中空区

若上一步没有找到满足条件的凹陷区,则表明人手当前做出的手势可能是手势 4 或手势 5。因此,还需要对人手进行搜索以确定是否有中空区,若存在则进一步计算,以便获得中心点的位置。

如图 5.14 所示,首先,利用一个 $N_{mk} \times N_{mk}$ 大小的正方形(图中的实线框,记为 SQ_{mk})在人手皮肤区域内自上而下、自左而右地进行搜索,当有一处非人手皮肤区域能够把正方形 SQ_{mk} 完全包含进去时,则停止继续搜索。这时,正方形 SQ_{mk} 的四条边线分别向其四周进行扩展,一直扩展到四条边线上的点均是皮肤像素点为止。这时,即可得到矩形 RT_{mk},如图 5.14 虚线框所示。设矩形 RT_{mk} 四个顶点坐标分别是 (x_{mk1},y_{mk1}),(x_{mk2},y_{mk2}),(x_{mk3},y_{mk3}) 与 (x_{mk4},y_{mk4}),则近似地认为中空区的中心点坐标为 (x_{mk},y_{mk}),其计算式为

$$\begin{bmatrix} x_{mk} \\ y_{mk} \end{bmatrix} = \begin{bmatrix} (x_{mk1}+x_{mk2})/2 \\ (y_{mk1}+y_{mk4})/2 \end{bmatrix} \qquad (5.16)$$

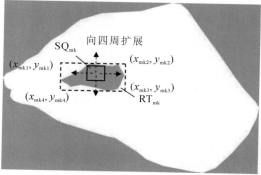

图 5.14　中空区的几何特征

5.掌心位置搜索

这里所指的掌心位置是除了手指外的人手其他部分(掌心主区域)的中心点位置。如前所述,至少存在一个凸多边形能够把人手完全包络起来,因此,掌心必定在这个凸多边形内。如图 5.15 所示,由于前面找到的凹陷区或中空区均是手指的摆放姿态而形成的,所以,可近似地认为凹陷区与中空区所在的地方为手指所在的地方,予以排除,而只关注除去凹陷区或中空区的区域(见图 5.15 中的阴影部分)。根据凹陷区、中空区的不同情况,对掌心主区域的确定也略有不同。如前所述,凸多边形的顶点从左下方的人手边缘点作为起始点,按逆时针方向进行排序。记凸多边形顶点集为 $\{V_i, i=1,2,3,\cdots,n\}$,具体的掌心搜索区域的确定逻辑如下。

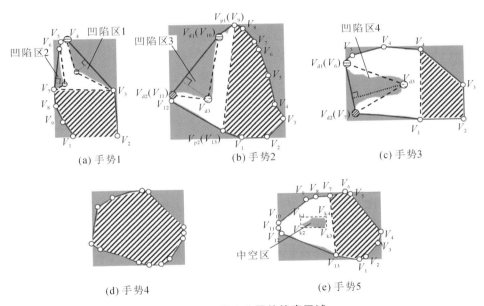

(a) 手势1　　(b) 手势2　　(c) 手势3

(d) 手势4　　(e) 手势5

图 5.15　掌心位置的搜索区域

(1) 当有两个凹陷区时,掌心搜索区域为原包络人手的凸多边形区域减去从第一个凹陷区在逆时针方向上的第一个顶点到第二个凹陷区的最后一个顶点之间的所有顶点所确定的区域。以图 5.15 所示的手势 1 为例,凹陷区 1(在逆时针方向上该区域为第一个凹陷区)的第一个顶点记为 V_3,凹陷区 2 的最后一个顶点被记 V_7,则掌心搜索区域为多边形 $\overrightarrow{V_1 V_2 V_3 V_7 V_8 V_9 V_1}$。

（2）当仅有一个凹陷区时，记凹陷区中的三个顶点分别为 V_{d1}、V_{d2} 与 V_{d3}。搜索步骤如下。首先，确定凹陷区中的三个顶点哪一个顶点的 X 轴坐标最大，记该顶点的 X 轴坐标为 $\max\_x(V_{d1}, V_{d2}, V_{d3})$。然后，以凹陷区的第一个顶点 V_{d1} 为起点，以顺时针方向回溯凸多边形的顶点，当凸多边形的顶点的 X 轴坐标大于 $\max\_x(V_{d1}, V_{d2}, V_{d3})$ 时停止，记该点为 V_{p1}。再以凹陷区的第二个顶点 V_{d2} 为起点，以逆时针方向回溯凸多边形的顶点，当凸多边形的顶点的 X 轴坐标大于 $\max\_x(V_{d1}, V_{d2}, V_{d3})$ 时停止，记该点为 V_{p2}。以 V_{p1} 与 V_{p2} 的连线作为分割线把凸多边形分割为左右两部分，则右边部分为掌心搜索区域，如图 5.15 的手势 2 与手势 3 所示。

（3）当没有凹陷区且只有一个中空区时，记中空区的四个顶点分别为 V_{k1}、V_{k2}、V_{k3}、V_{k4}，这四个顶点在 X 轴的最大值记为 $\max\_x(V_{k1}, V_{k2}, V_{k3}, V_{k4})$。从凸多边形的起始点 V_1 开始，分别沿顺、逆时针方向进行搜索，对于某个顶点 V_i（x_i, y_i），若其在 X 轴的坐标满足

$$x_i \leqslant \max\_x(V_{k1}, V_{k2}, V_{k3}, V_{k4}) \tag{5.17}$$

则停止向前搜索，且舍弃当前点，否则把该点作为掌心搜索区域的顶点。

（4）若没有凹陷区与中空区，则以整个人手凸边形作为掌心搜索区域。

由于掌心搜索区域是一个凸多边形且我们可以近似地认为人手是一个重量均匀分布的物体，因此，其重心为

$$\begin{bmatrix} x_g \\ y_g \end{bmatrix} = \begin{bmatrix} \dfrac{\sum_{i=1}^{n} x_i}{n} \\ \dfrac{\sum_{i=1}^{n} y_i}{n} \end{bmatrix} \tag{5.18}$$

重心即可认为是掌心的位置。

6. 左、右手判断

在掌心位置、中空区或凹陷区的位置都确定后，可根据这些区域的位置进行左右手的判断，其判断规则如表 5.1 所示。

由表 5.1 可知，根据图 5.9 所描述的手势 1、手势 2、手势 3 或手势 5，均可通过人手区域内部信息（即凹陷区或中空区以及掌心的位置信息等）确定其为左手或右手。而手势 4 由于缺乏可用特征信息，因此，无法通过人手区域内部信息来

确定其为左手或右手,只能根据两个手部区域之间的相对位置来确定。考虑到大部分人主要通过右手来完成动作,为避免发生无法确定左右手的情况发生,如果只有一个人手区域,而且无法找到凹陷区与中空区时,则默认其为右手。

表 5.1　左右手判断规则

序号	符合条件			结论
	凹陷区数量	中空区数量	特殊条件	
1	0	0	发现两个人手区域且该人手区域在另一人手区域左侧	左手
2	0	0	发现两个人手区域且该人手区域在另一人手区域右侧	右手
3	0	0	仅发现一个人手区域	右手
4	0	1	掌心在中空区右侧	右手
5	0	1	掌心在中空区左侧	左手
6	1	0	掌心在凹陷区右侧	右手
7	1	0	掌心在凹陷区左侧	左手
8	2	0	以人手最左下角位为起点开始以逆时针方向搜索得到凹陷区 1 与凹陷区 2,且凹陷区 1 面积大于凹陷区 2 面积	右手
9	2	0	以人手最左下角位为起点开始以逆时针方向搜索得到凹陷区 1 与凹陷区 2,且凹陷区 2 面积大于凹陷区 1 面积	左手

7. 搜索食指尖、拇指尖,以及食指与拇指之间的凹点

当存在凹陷区时,可根据凹陷区的数量、位置关系等确定食指尖、拇指尖,以及食指与拇指之间的凹点。

如图 5.16(a)与(b)所示,食指的边线刚好是构建这两个近似为三角形的凹陷区的其中一条边线。因此,可以认为食指尖在凹陷区的近似三角形的边线上。由图 5.16 可以看出,最接近实际食指尖的位置在面积最大的凹陷区三角形的边线的顶点上。因此,当具有两个凹陷区时,可先利用

$$S_{\triangle}(V_{d1}, V_{d2}, V_{d3}) = \mathrm{abs}\left(\frac{1}{2!}\begin{vmatrix} x_{d1} & y_{d1} & 1 \\ x_{d2} & y_{d2} & 1 \\ x_{d3} & y_{d3} & 1 \end{vmatrix}\right) \tag{5.19}$$

分别计算两个凹陷区的近似三角形的面积,并选取最大的凹陷区,然后,取面积最大的凹陷区内的三个顶点中 Y 值最大的顶点作为食指尖位置。式(5.19)中,abs(k)为绝对值函数。

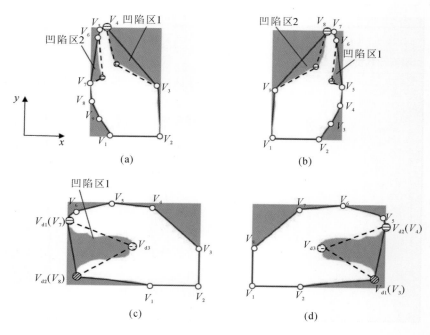

图 5.16　食指尖、拇指尖以及食指与拇指之间的凹点的分布律

由图 5.16(c)与(d)可知,当只有一个凹陷区时,凹陷区的两条主要的连线由食指与拇指构造,因此,可近似地认为食指尖、拇指尖,以及食指与拇指之间的凹点分别为该凹陷区的近似三角形的三个顶点。凹陷区的近似三角形的三个顶点中,有两个顶点同时也为凸多边形的顶点,从图 5.16 很容易看出,这两个顶点分别为食指尖与拇指尖。与有两个凹陷区时的情况类似,食指尖为这两个顶点中 Y 坐标值最大的点,另一个则为拇指尖。而拇指与食指之间的凹点则为第三个不在凸多边形上的凹陷区近似三角形的顶点。这三个特征点的详细判断规则如表 5.2 所示。

8. 手势的识别

在左右手信息,即掌心、食指尖、拇指尖,以及食指与拇指之间的凹点、中空区中心点这几个基本特征点按照上述的方法逐一确定下来后,则可以根据表

5.2的内容直接推导出当前所做的手势。

表 5.2　食指尖、拇指尖以及食指与拇指之间的凹点的判断规则

序号	符合条件		判断结果
	凹陷区数量	左右手情况	
1	2	右	仅有食指尖，且食指尖为两个凹陷区中面积最大的凹陷区的顶点且为 Y 值最大的顶点，如图 5.16(a)所示的点 V_4
2	2	左	仅有食指尖，且食指尖为两个凹陷区中面积最大的凹陷区的顶点且为 Y 值最大的顶点，如图 5.16(b)所示的点 V_8
3	1	右	有食指尖、拇指尖，以及食指与拇指之间的凹点，其中：食指尖是凹陷区内 Y 值最大的顶点，如图 5.16(c)所示的点 V_7；拇指尖是凹陷区内 Y 值最小的顶点，如图 5.16(c)所示的点 V_8；食指与拇指之间的凹点是凹陷区的第三个顶点，如图 5.16(c)所示的点 V_{d3}
4	1	左	有食指尖、拇指尖，以及食指与拇指之间的凹点，其中：食指尖是凹陷区内 Y 值最大的顶点，即图 5.16(d)所示的点 V_4；拇指尖是凹陷区内 Y 值最小的顶点，即图 5.16(d)所示的点 V_3；食指与拇指之间的凹点是凹陷区的第三个顶点，即图 5.16(d)所示的点 V_{d3}
5	0	—	无

表 5.3 所示的手势序号与图 5.9 所示的手势序号相同。如图 5.17 所示的为用于手势判断的特征点的位置关系。表 5.3 中的 x_{Vc}、x_{Vl}、x_{Vt} 分别为食指与拇指之间的凹点、食指尖、拇指尖三个特征点在 X 轴上的坐标值，而 $\angle V_l V_c V_t$ 是有向线段 $\overrightarrow{V_c V_l}$ 与 $\overrightarrow{V_c V_t}$ 之间的夹角，有

$$\angle V_l V_c V_t = \arccos(\overrightarrow{V_c V_l}, \overrightarrow{V_c V_t}) = \arccos \frac{\overrightarrow{V_c V_l} \times \overrightarrow{V_c V_t}}{|\overrightarrow{V_c V_l}||\overrightarrow{V_c V_t}|} \quad (5.20)$$

表 5.3　手势判断规则

手势	左手			右手		
	中空区凹陷区	$\angle V_l V_c V_t$ (RAD)	特征点相对位置	中空区 凹陷区	$\angle V_l V_c V_t$ (RAD)	特征点相对位置

手势	左手				右手			
	中空区	凹陷区	$\angle V_1 V_c V_t$ (RAD)	特征点相对位置	中空区	凹陷区	$\angle V_1 V_c V_t$ (RAD)	特征点相对位置
手势1	0	2	—	—	0	2	—	—
手势2	0	1	>1.5	$\lvert x_{Vc} - x_{Vl} \rvert \leqslant 5 \cap$ $x_{Vt} - x_{Vc} > 10$	0	1	>1.5	$\lvert x_{Vc} - x_{Vl} \rvert \leqslant 5 \cap$ $x_{Vc} - x_{Vt} > 10$
手势3	0	1	<1.45	$x_{Vl} - x_{Vc} > 10$	0	1	<1.45	$x_{Vc} - x_{Vl} > 10$
手势4	0	0	—	—	0	0	—	—
手势5	1	0	—	—	1	0	—	—

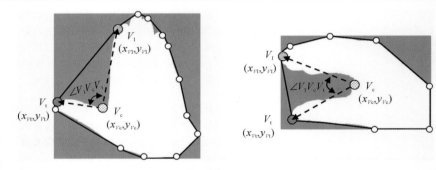

图 5.17　用于手势判断的特征点的位置关系

5.3　基于 Kinect 传感器的体感交互方法与实现

5.3.1　Kinect 传感器介绍

Kinect 传感器为微软公司开发的体感传感器,本节主要介绍 Kinect V1 版本。如图 5.18 所示,Kinect 传感器硬件主要包括一个红外光源、一个 RGB 摄像头、一个红外摄像头、四个传声器和一个角度调节电动机。RGB 摄像头最大支持 1280 像素×960 像素分辨率成像,红外摄像头最大支持 640 像素×480 像素成像。另外,在基座和主体之间的角度调节电动机能够通过程序调整俯仰角度。

Kinect 传感器软件功能主要由 Kinect SDK 和 Kinect Developer Toolkit 提供。Kinect SDK 主要用于 Kinect 传感器应用开发,其基本功能包括彩色、红外图像采样与语音采样。在这些数据基础上,Kinect SDK 对数据做进一步处理,并且得到了深度图、人体主要关节节点空间位置、语音识别等进阶数据。Kinect Developer Toolkit 主要用于 Kinect 传感器程序调试与开发学习,其提供的 Kinect Studio 可用于 Kinect 传感器数据采样与离线数据仿真。另外,Kinect Developer Toolkit 也提供了丰富的开发实例,是 Kinect 传感器程序开发学习的第一手资料。

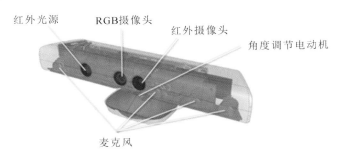

图 5.18　Kinect 传感器硬件图[4]

5.3.2　Kinect 传感器应用交互场景要求

交互场景的布置需要根据 Kinect 传感器的测量范围设计,微软公司给出 Kinect 传感器的检测范围是以红外摄像头中心为原点,水平视角为 $53°$、垂直视角为 $47°$、距离 Kinect 传感器 $0.8\sim3.5$ m 的空间范围。一个比较简易的设计准则是让用户进入 Kinect 传感器的 RGB 摄像头拍摄范围中,如果用户的所有交互动作都能被摄像头拍摄到,则交互场景基本能满足设计要求。另外,交互场景内应尽量减少不必要物体的放置,用户面前不能有其他物体遮挡,最好只有用户进入交互场景。

5.3.3　Kinect SDK 输出的传感数据

1. 彩色图像

Kinect 传感器彩色图像的主要作用是呈现实时交互场景,让用户更容易认知自身的交互动作。Kinect SDK 提供多种彩色图像分辨率,常用的是 640 像素×480 像素分辨率,因为在该分辨率下,Kinect 传感器可实现 30 f/s 的采样频率,能同时兼顾图像清晰度和采样频率。Kinect 传感器的彩色图像是作为一个 8 位无符号整数数组储存在内存中的,像素格式为 RGBA 格式。每一个像素由

4 个字节组成,取值范围都为 0~255。R、G、B 通道分别对应红色通道、蓝色通道和绿色通道,改变各自的通道值即可表达各种颜色。A 通道为 α 通道,控制图像的透明程度,0 为完全透明,255 为完全不透明,Kinect 传感器的输出值都为 255,具体的存储方式如图 5.19 所示。

内存地址	R	G	B	A
...	...	...	...	...
n	0~255	0~255	0~255	255
$n+4$	0~255	0~255	0~255	255
...	...	...	...	...

图 5.19　Kinect 传感器彩色图像存储方式

2. 深度图

Kinect 传感器深度图是 Kinect SDK 根据红外摄像头图像计算而得的图像,其主要功能是计算每个用户深度图像区域及其关节点信息。其常用的分辨率为 640 像素×480 像素,Kinect 传感器同样能在该分辨率下实现 30 f/s 采样。Kinect 传感器深度图是作为一个 16 位无符号整数数组存储在内存中的,每个像素由像素深度值和用户索引组成。如图5.20所示,像素深度值占用了第 3~15 位总共 13 个数据位,其数值的大小代表图像上该位置距离 Kinect 传感器最近的物体与 Kinect 传感器的距离,数据是整数形式的,单位为 mm。其有效值范围根据 Kinect 传感器工作模式决定,Kinect 传感器工作模式分为默认模式和近景模式等两种。在默认模式下深度图像素有效值范围为 800~4000 mm,而近景模式下为 400~3000 mm。剩余的 0~2 位数据用于用户索引,它标识该像素点属于哪位用户。如数值为 0,则该像素为背景像素;如数值为 1~6,则该像素为第 1~6 位用户的像素。

内存地址	像素深度值													用户索引		
...	...	...	...	...	...	...	...	...	...	...	...	...	...	...	...	...
n	0	1	1	1	1	1	0	1	0	0	0	0	0	0	0	0
$n+2$	0	0	1	0	1	1	1	0	1	1	1	0	0	0	0	1
...	...	...	...	...	...	...	...	...	...	...	...	...	...	...	...	...

图 5.20　Kinect 传感器深度图像存储方式

3. 关节点信息

关节点信息是 Kinect 传感器体感交互的基础，是 Kinect SDK 根据深度图计算得到的结果。Kinect SDK 可同时跟踪场景中 6 个用户的空间位置，并识别其中 2 个用户的关节点信息。每个用户的关节点信息都包括 20 个关节点三维空间位置和骨骼方向，具体的关节点如图 5.21 所示。

在程序上，用户关节点信息存储在 Skeleton 类(C♯)的实例中，关节点信息获取流程如图 5.22 所示。首先从 Skeleton 类中获取 TrackingId 属性以确定该关节点信息属于哪位用户。接着从 Skeleton 类中获取属性 Joints，它是 JointCollection

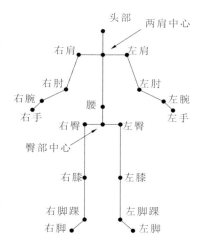

图 5.21　Kinect 传感器跟踪的关节节点

类的实例，可以看作结构体 Joint 的集合，其索引值是枚举类型 JointType。JointType 类总共包括 20 个值，对应 20 个关节点。最后根据 JointType 类在 Joints 中获取单一关节点的 Joint 实例。Joint 实例结构体包含 JointType、Position 和 TrackingState 三个属性值。JointType 值与前面一致。Position 是 SkeletonPoint 结构体的实例，包括 X、Y、Z 三个浮点数属性值，对应关节点的空间三维坐标值。TrackingState 值是一个枚举体 JointTrackingState 的实例，确定关节是否被识别。

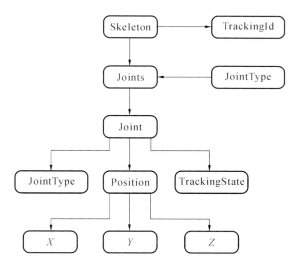

图 5.22　Kinect 传感器关节点信息获取流程

5.3.4　Kinect 传感器观察坐标系

在 Kinect SDK 中,关节点信息定义在观察坐标系下。观察坐标系原点定义在红外摄像头中心,X_k 轴向右,Y_k 轴向上,Z_k 轴朝向用户,如图 5.23 所示。

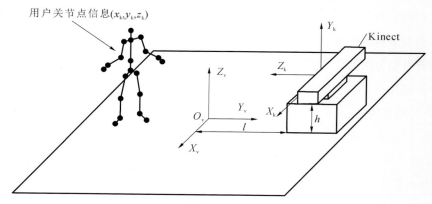

图 5.23　Kinect 传感器观察坐标系

在体感交互时,Kinect 传感器一般放在与地面平行的桌面上,并且固定不动。在这种环境下,Kinect 传感器的坐标方向与摆放位置与一般的增强现实应用有一定差别。这时可进行坐标变换:

$$
\begin{bmatrix} X_v \\ Y_v \\ Z_v \\ 1 \end{bmatrix} = \begin{bmatrix} 1 & 0 & 0 & 0 \\ 0 & 0 & -1 & -l \\ 0 & 1 & 0 & -h \\ 0 & 0 & 0 & 1 \end{bmatrix} \cdot \begin{bmatrix} X_k \\ Y_k \\ Z_k \\ 1 \end{bmatrix} \tag{5.21}
$$

式中:(X_v, Y_v, Z_v)——虚拟世界坐标;

　　　(X_k, Y_k, Z_k)——Kinect 传感器观察坐标;

　　　h——Kinect 传感器离地面高度;

　　　l——Kinect 传感器距离虚拟世界坐标系的地面距离。

坐标变换使得虚拟世界坐标系 X_v 轴指向右方,Y_v 轴指向前方,Z_v 轴指向上方;坐标系原点放置在地面。

5.3.5　Kinect 传感器体感交互方法

根据 Kinect SDK 提供的功能,Kinect 传感器可实现体感交互、语音交互、面部表情交互,其中体感交互是 Kinect 传感器最主要的交互方法。体感交互是徒手交互的一个发展方向,用户的交互部位不再局限在手部,整个手臂甚至整个身体都可以进行交互。基于 Kinect 传感器的体感交互是以 Kinect SDK 提供的用户关节点空间位置信息为基础,使用识别算法对关节点信息进行处理并识别用户手势,最后输出手势对应机器命令的过程。

　　Kinect 传感器体感交互的核心是手势识别算法,而最为简易的体感手势识别算法是静态手势识别命令。静态手势识别命令是指使用算法识别用户的静止手势,由于 Kinect SDK 能够提供用户关节点的空间位置,通常只需判断关节点信息是否在阈值范围即可识别用户静态手势。另外,关节的转动角度也是有效表征静态手势的重要特征量,Kinect SDK 没有直接给出数值,开发者可以用余弦定理计算关节转动角度,其计算公式为

$$\delta = \arccos(\boldsymbol{a} \cdot \boldsymbol{b}/(|\boldsymbol{a}||\boldsymbol{b}|)) \tag{5.22}$$

式中:$\boldsymbol{a}$、$\boldsymbol{b}$——向量;

　　δ——$\boldsymbol{a}$ 与 $\boldsymbol{b}$ 的夹角。

　　下面以左手举起为例介绍具体实现方法,手势示意图如图 5.24(a)所示,该手势需要用户举起左手并与上臂成 90°。设点 $A(x_A, y_A, z_A)$ 为左手腕三维位置,点 $B(x_B, y_B, z_B)$ 为左手肘三维位置,点 $C(x_C, y_C, z_C)$ 为左肩三维位置,θ 为 BA 与 BC 形成的夹角。从空间上看,做出这个手势需要点 A 在点 B 正上方,点 B 需要在点 C 正左方,θ 为 90°。但用户交互过程中,做出的手势必然有一定误差,因此算法应允许用户在一定阈值范围内做出手势。手势识别算法可表达为

$$G = \begin{cases} 1, & \begin{cases} 0.9 < (y_A - y_B)/|AB| < 1 \\ 0.9 < (x_C - x_B)/|BC| < 1 \\ 85° < \theta < 95° \end{cases} \\ 0, & \quad\quad 其他 \end{cases} \tag{5.23}$$

式中:G——静态手势完成状态,1 代表完成手势,0 代表没有完成手势。

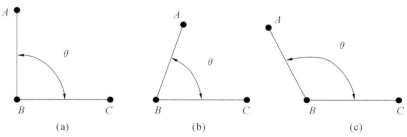

(a)　　　　　　　　　　(b)　　　　　　　　　　(c)

图 5.24　左手挥手手势识别

Kinect 传感器静态手势识别一般精度高、稳定性好,但并不贴近人们的日常行为。在日常生活中,人们虽然会使用静态手势表达意愿,但更多时候会使用动态手势来表示,因为动态手势表达更为丰富,更为自然。与静态手势仅需做出一个固定姿态即可完成手势相比,动态手势需要实现一个姿态变化过程,通常可以看作一系列静态手势按一定顺序在一定时间内实现的过程。因此,动态手势识别可看作静态手势识别的扩展,在算法实现上需要添加时间要素。

　　下面以左手挥手为例介绍具体实现方法。

　　(1)识别起始手势。

　　起始手势是整个动态手势的开端,只有起始手势被识别了,后面的手势识别过程才能进行。左手挥手的起始手势就是左手举起,识别算法如式(5.23)所示。

　　(2)识别关键帧手势。

　　关键帧是动画制作术语,指的是物体运动或变化过程中关键动作所处的那一帧,关键帧的变化会明显改变整个物体运动的呈现效果。在这里,将动态手势比作动画,组成动态手势的静态手势则是动画帧,而关键帧手势则是静态手势变化过程中的关键手势。关键帧手势可以是一个或多个,而左手挥手的关键手势是手肘向右弯曲,如图 5.24(b)所示。可以看出除了上臂维持原来位置以外,手肘明显有向右弯曲的倾向。另外,关键帧手势应该在一定时间内识别,因为动态手势应在一定时间内完成。因此,手肘向左弯曲手势也可为

$$
G_k = \begin{cases} 1, & \begin{cases} 0 < t < \delta t_0 \\ 0.9 < (x_C - x_B)/|BC| < 1 \\ 0° < \theta < 80° \\ G = 1 \end{cases} \\ 0, & \text{其他} \end{cases} \tag{5.24}
$$

式中:G_k——关键帧手势完成状态,1 为完成手势,0 为没有完成手势;

　　t——动态手势操作时间;

　　t_0——动态手势完成所需用时间;

　　δ——比例系数。

　　(3)终止手势。

　　终止手势是整个动态手势终止信号,终止手势被识别代表动态手势识别成

功。手肘向左挥动是左手挥手的终止手势,如图 5.24(c)所示。可以看出上臂同样处在稳定位置,只有手肘有明显向左伸展的倾向。因此,手肘向左挥动手势可表达为

$$
G_{\mathrm{f}} = \begin{cases} 1, & \begin{cases} \delta t_0 < t < t_0 \\ 0.9 < (x_C - x_B)/|BC| < 1 \\ 100° < \theta < 180° \\ G_{\mathrm{k}} = 1 \end{cases} \\ 0, & \text{其他} \end{cases} \tag{5.25}
$$

式中:G_{f}——终止手势完成状态,1 为完成手势,0 为没有完成手势。

参 考 文 献

[1] 吴悦明. 面向增强现实的双手交互技术研究[D]. 广州:广东工业大学,2010.

[2] 任海兵,祝远新,徐光,等. 基于视觉手势识别的研究——综述[J]. 电子学报,2000,28(2):118-121.

[3] 张良国,吴江琴,高文,等. 基于 Hausdorff 距离的手势识别[J]. 中国图像图形学报,2002,7(11):1144-1150.

[4] Microsoft Developer Network. Kinect for Windows Sensor Components and Specifications[EB/OL]. [2016-8-30]. https://msdn. microsoft. com/zh-cn/library/jj131033. aspx.

第 6 章
基于移动终端的增强现实交互方法

基于移动终端的增强现实系统能够为用户提供一个无处不在的虚实对象相互融合的混合现实界面,用户可以同时与真实物体和虚拟物体交互,从而大大提高用户对周围真实环境的直接感知。本章针对移动终端的操作系统平台的特点,研究并设计一系列适当的交互方式。

6.1 移动增强现实的场景重构与处理

摄像机投影是从三维空间到二维平面的投影变换过程,由于信息退化,无法从场景的单幅图像中得到相应的三维几何结构。从 2.2 节介绍中发现,图像点的反投影射线上任何空间点的投影都与该图像点重合,所以,从单张图像不能确定真实空间点的确切位置,也就是常说的深度位置。本节要处理这样一个逆问题:给出多幅图像,在多幅图像中找到对应的特征点,然后计算这些特征点的空间位置,求解出空间特征点的集合,并构成场景结构。

与逆向工程中的三维重构不同,本节的三维重构的数据是从摄像机获取的二维图像序列帧,而摄像机在场景中是随机移动的。三维扫描仪一般是固定的,被扫描的物体按照某一个姿态摆放,三维扫描仪沿着规划好的路径扫描,利用扫描获取物体的表面点云。该物体和扫描生成的点云的空间姿态是预知的,易于求解。另外,逆向工程可以不计时间成本获取非常充分的场景表面信息,这不符合增强现实的实时性要求。在增强现实的应用中,摄像机在场景中随机移动,获取的二维图像帧。摄像机的随机移动和场景中物体相互遮挡等原因,使得无法对某一个目标物体进行充分的扫描,存在严重的信息缺失现象。虽然经过重构,但获取的点云只能反映物体的局部表面特征。如何从局部点云特征中估算摄像机的姿态是研究的难点。

6.1.1　场景重构数学模型

给定一个单目摄像机在装配场景中自由移动时拍摄的 n 帧视频序列 I，不同图像在同一世界坐标系下的摄像机矩阵表示为 ${}_c^w\boldsymbol{P}=\{{}_c^w\boldsymbol{P}_t\,|\,t=1,2,\cdots,n\}$，所对应的图像分别为 $\boldsymbol{I}=\{\boldsymbol{I}_t(x)\,|\,t=1,2,\cdots,n\}$，这里 $\boldsymbol{I}_t(x)$ 表示第 t 帧上像素 x 的灰度值，在彩色图像里用一个三元素的向量表示。$\boldsymbol{x}_k\leftrightarrow\boldsymbol{x}_{k+1}$ 是两张图像的一对对应点，在理想状况下满足极线几何约束：$\bar{\boldsymbol{x}}_k^{\mathrm{T}}\boldsymbol{F}\bar{\boldsymbol{x}}_{k+1}=0$，其中，$\boldsymbol{F}$ 为两幅图像之间的基础矩阵。现在，要根据 $\boldsymbol{x}_k\leftrightarrow\boldsymbol{x}_{k+1}$ 以及其所在的图像计算它们的空间点。

空间中任何物体的表面都是由三维点构成的，点可以构成线，线可以构成面，众多细分的面可构成物体的三维立体结构。因此，在场景表面的三维重建中，由空间点进行三维重建是最基本、最直接的三维重建方法。如果能获得足够致密的三维点云信息，就可以确定三维物体的表面形状。

根据摄像机投影理论，如果摄像机在场景中做一般运动 $(\boldsymbol{R},\boldsymbol{t})$（既有旋转又有平移），则相邻的两个图像帧上的测量点、对应的空间点和投影矩阵的关系为

$$
\begin{bmatrix}
\boldsymbol{p}_k^{2\mathrm{T}} & -u_k\,\boldsymbol{p}_k^{3\mathrm{T}} \\
\boldsymbol{p}_k^{1\mathrm{T}} & -v_k\,\boldsymbol{p}_k^{3\mathrm{T}} \\
\boldsymbol{p}_{k+1}^{2\mathrm{T}} & -u_{k+1}\,\boldsymbol{p}_{k+1}^{3\mathrm{T}} \\
\boldsymbol{p}_{k+1}^{1\mathrm{T}} & -v_{k+1}\,\boldsymbol{p}_{k+1}^{3\mathrm{T}}
\end{bmatrix}\overline{\boldsymbol{X}}=0 \tag{6.1}
$$

式中：$\boldsymbol{p}_k^{i\mathrm{T}}$——投影矩阵 ${}_c^w\boldsymbol{P}_k$ 的第 i 行向量；

$\overline{\boldsymbol{X}}$——点 $\boldsymbol{X}$ 的齐次坐标，点 $\boldsymbol{X}$ 在第 k 帧和第 $k+1$ 帧的投影分别为 $\bar{\boldsymbol{x}}_k=[u_k\quad v_k\quad 1]^{\mathrm{T}}$、$\bar{\boldsymbol{x}}_{k+1}=[u_{k+1}\quad v_{k+1}\quad 1]^{\mathrm{T}}$。

对于空间每一点 $\boldsymbol{X}$，理论上只要有式（6.1）中任意三个方程，便可以求出点 $\boldsymbol{X}$ 的世界坐标。在实际拍摄图像的过程中，由于各种原因会引入噪声，因此，式（6.1）并不完全成立。

如图 6.1(a) 所示，理想的状况下，通过两个摄像机光心 C_k、C_{k+1} 的两条反射线应相交于空间的 $\boldsymbol{X}$ 点，两条射线与两个摄像机光心的连线构成一个三角形。但在实际的应用过程中，由于图像噪声以及图像的失真等因素的影响，两条射线不太可能相交。为了解决射线不相交问题，常规的办法就是寻找离所有三维射线都最近的那个三维点 $\boldsymbol{X}$。将每条射线上离 $\boldsymbol{X}$ 最近的点定义为 $\boldsymbol{q}_k$，然后找到离每一个 $\boldsymbol{q}_k$ 最近的最优点 $\boldsymbol{X}$，可以将射线不相交转换成常规的最小二乘问题来计算。

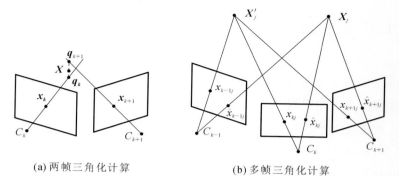

(a) 两帧三角化计算　　　　　(b) 多帧三角化计算

图 6.1　三维点的三角化计算

　　为了简化计算,把问题从三维空间转换到图像空间进行。由于特征点的测量值与真值无法重合,二者的差值称为重投影误差(reprojection error)。比如:第 j 个三维点在第 k 个视图内的重投影误差为 $d(x_{kj}, \hat{x}_{kj})$(见图 6.1(b))。

　　如图 6.1(b)所示,M 个摄像机测量三维点 X_j,该三维点在各图像平面的投影理论上应为 $\hat{x}_{ij}(1 \leqslant i \leqslant M)$。由于噪声和外点干扰,$X_j$ 在各图像平面的投影为 $x_{ij}(1 \leqslant i \leqslant M)$。图像测量与投影理论值的距离 $\| \hat{x}_{ij} - x_{ij} \|^2$ 为重投影误差,由这些错误的结果计算出来的三维点将是 X'_j,和真实的点显然有偏差。

　　令 $\Delta = \hat{x}_{ij} - x_{ij}$,显然,$\Delta$ 中各元素均为零时,相应的摄像机投影矩阵和场景三维点估计为理想结果。但在有噪声干扰的情况下,Δ 各元素通常均不为零,因此可以在 Δ 上定义某种准则来衡量三维重建结果与图像测量之间的吻合程度,同时也可以把该吻合程度作为三维重建的目标函数。三维重建优化问题的目标函数的一般形式为

$$\arg \min \sum_{1 \leqslant j \leqslant N} \sum_{1 \leqslant i \leqslant M} \| \hat{x}_{ij} - x_{ij} \|^2 \tag{6.2}$$

式中:N——关键帧的个数;

　　　M——场景空间点的个数。

　　该集束优化问题的求解复杂度为 $O(N+M)^3$,对于时间限制严格的应用,全局优化很难完成。为了降低运算量,在优化过程中,只对最新的关键帧和场景参数进行优化,而把之前计算结果当作固定参数,从而将式(6.2)转化为更简单的局部集束优化问题。为此,重新定义求解模型为

$$\arg \min \sum_{i \in A \cap B} \sum_{j \in L \cap S_i} \| \hat{x}_{ij} - x_{ij} \|^2 = \arg \min \sum_{i \in A \cap B} \sum_{j \in L \cap S_i} \| \pi(^w_c P, X_j) - x_{ij} \|^2$$

$$\tag{6.3}$$

式中:$\pi(\cdot)$——返回三维点 X_j 在第 i 帧的投影;

x_{ij}——三维点 X_j 在第 i 帧的对应测量点；

A——最新加入的关键帧集；

B——已经优化过的关键帧集，这些关键帧与 A 关键帧集合的观测结果有重叠；

L——A 集合中观测到的所有特征点；

S_i——当前关键帧。

缩小局部集束优化的范围，可以提高计算效率，同时由于采用最近几帧作为优化对象，与虚拟模型拟叠加的目标场景的真实形状不会有大的偏差。

6.1.2 场景重构流程与误差分析

1. 三维场景的重构流程

该阶段处理序列视频关键帧数据，生成场景的点云模型，主要包括三个步骤：首先是场景的初始化，通过三个关键帧求解而得；接着是关键帧的添加，这是一个不断重复的过程；最后是局部集束优化，这里要求将等待加入的特征和原来的特征一起求解，这样实现的在视频帧中的重投影误差最小，求解收敛之后，新的特征才能加入场景中，实现场景的更新。在重构过程中，为了提高精度，把全局集束优化作为一个可选操作。全局集束优化会耗费大量的时间，但能提供一个很精准的结果。场景重构流程如图 6.2 所示。

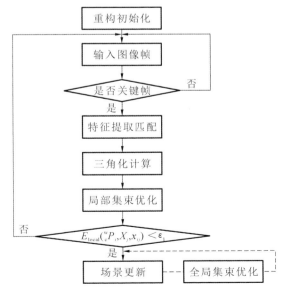

图 6.2 场景重构流程

2. 关键帧重构误差分析

本节使用的数据是由单目摄像机获取的,是一种有序的图像帧。当摄像机以平滑缓慢的速度移动时,在位移很小的范围内就可以获取场景的很多帧图像,相邻图像帧之间的基线非常窄。而图像帧之间的基线与场景重构的精度有很大关系。如图 6.3 所示,虚线表示由噪声干扰二维点测量产生的"误差锥"[1]。图 6.3(a)所示的为基线较宽的情况,最后重建误差也会小些。相反,图 6.3(b)所示两个摄像机的基线较窄,只要有很小的二维位移,如红色的圆圈所示,就可能有较大的潜在三维重建错误,如蓝色的区域所示。

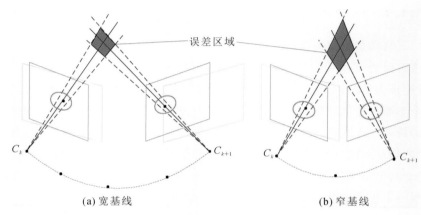

$$(a) \ 宽基线 \qquad\qquad (b) \ 窄基线$$

图 6.3 重构误差与基线的关系

在重建计算中,由于相邻帧之间的基线窄,图像有较高的重叠度,这将导致大量信息冗余,产生误差的概率比较高。因此需要选择合适的关键帧图像,使之能够反映重构场景的主要特征,也便于控制重构过程中需要处理的信息量,重构的精度可以适当得到保证。摄像机姿态和场景结构的计算利用这些关键帧之间的点匹配实现。选择关键帧在整个流程中是比较复杂的过程,需要从基于图像和基于投影等几个方面进行考虑:① 图像质量较好,能保证提取到足够数量的特征点;② 新的关键帧和前一个关键帧的基线距离不能太小,这样才有较小的误差锥。

6.1.3 场景点云重构

1. 场景三维点求解

由于局部集束优化的求解不仅与当前的关键帧相关,还与场景表面结构参数相关,一个好的初始值不仅可以为新的关键帧的加入提供计算参考,还能加快集束优化的收敛。根据计算机视觉理论,两个关键帧的重构具有不确定性,而三个关键帧的重构在精度和鲁棒性方面有很大的提高。因此在系统重构之初,以三个关键帧为初始值,计算并重建出初始结构,然后通过增加关键帧来实现场景重构的更新。

在这个阶段,需要计算三个关键帧的相对姿态和关键帧的特征点的三维坐标,计算结果的可靠性将直接影响到结构重建。下面具体说明一下初始化的实现过程。

假设最初的三个关键帧为 I_{k0}、I_{k1}、I_{k2},利用测得的二维对应特征点计算这几个关键帧的投影矩阵,也就是对应的摄像机姿态。由于摄像机姿态只是相对姿态,为了简化计算,以 I_{k0} 为参考帧,它的投影矩阵设定为

$$ {}_c^w\boldsymbol{P}_{k0} = \begin{bmatrix} \boldsymbol{I} & \boldsymbol{0} \end{bmatrix} \tag{6.4} $$

为了确定 I_{k1} 的摄像机参数,首先利用视频帧之间的对应点约束关系和 RANSAC 算法计算基础矩阵 $\boldsymbol{F}$,根据恢复的基础矩阵计算 I_{k1} 的姿态,由相邻帧的两个摄像机位置投影关系可得:

$$ {}_c^w\boldsymbol{P}_{k1} = ((\boldsymbol{e}_2) \times \boldsymbol{F}, \boldsymbol{e}_2) \tag{6.5} $$

式中:e_2——极点坐标,在极线约束中可以通过求解 $\boldsymbol{e}^{\mathrm{T}}\boldsymbol{F} = \boldsymbol{0}$ 得到。

如果内参数 $\boldsymbol{K}$ 已知,$\boldsymbol{F}$ 可以转换为本质矩阵 $\boldsymbol{E}$,即

$$ \boldsymbol{E} = \boldsymbol{K}^{\mathrm{T}}\boldsymbol{F}\boldsymbol{K} \tag{6.6} $$

本质矩阵 $\boldsymbol{E}$ 可以分解为旋转矩阵和位移向量的斜对称矩阵的乘积,得到 $\boldsymbol{R}$ 和 $\boldsymbol{t}$。从分解的本质矩阵中,对于 I_{k1} 摄像机姿态有四种可能的选择。分别是:① 重构点在两个摄像机之前;② 重构点在两个摄像机之后;③ 重构点在第一个摄像机之前,第二个摄像机之后;④ 重构点在第二摄像机之前,第一个摄像机之后。只有重构的点 $\boldsymbol{X}$ 在两个摄像机之前和实际拍摄的情况相符,因此,求解 $\boldsymbol{R}$ 和 $\boldsymbol{t}$ 时,要检查它们是否都在两个摄像机前面。在实际的求解中,通过强制约束 $\|\boldsymbol{R}\| = 1$,可以保证重构的点在摄像机之前,从而求解出正确的 ${}_c^w\boldsymbol{P}_{k1}$。用相同的方法,可以求解 I_{k2} 的摄像机投影矩阵。

确定 I_{k0}、I_{k1} 和 I_{k2} 的摄像机的参数之后,便可利用式(6.7)对这三个关键帧的三维点进行求解,来获取更好的结果。

$$ X = \arg\min \sum_{0 \leqslant j \leqslant N} \sum_{0 \leqslant i \leqslant 2} \| \pi({}_c^w\boldsymbol{P}_{ki}, \boldsymbol{X}_j) - \boldsymbol{x}_{ij} \|^2 \tag{6.7} $$

式中:$\pi(\cdot)$——返回三维点 $\boldsymbol{X}_j$ 在第 i 帧的投影;

$\boldsymbol{x}_{ij}$——三维点 $\boldsymbol{X}_j$ 在第 i 帧的对应测量点。

在这个初始化过程中,场景生成约 1000 个三维点,以第一个关键帧为世界

坐标的参考帧。

对最初三个关键帧进行重构初始化后,重构的场景只是包含很小的局部空间,随着摄像机移动到新的目标,新的关键帧和特征点也要添加到场景中来,以便生成一个能涵盖范围更大的空间点和摄像机姿态的集合。

2. 新关键帧的加入

本节计算新加入的关键帧(这里表示为 I_1)图像中的特征点在空间的位置。首先以前一关键帧(这里表示为 I_2)中已经被跟踪的特征点为基础,建立二维-二维对应匹配列表,这些匹配的特征点的三维信息在初始化阶段或更早加入的关键帧中已经被计算出来。对于新关键帧的姿态,常用 8 点基础矩阵求解[2],可得一个比较精准的结果,但这种方法对于图像噪声很敏感,需要很精确的特征点对应。由于采用了标定好的摄像机,投影的内参数已知,因此可以利用五点法求解基础矩阵[3],在噪声较多时仍然能提供一个近似的求解初始值。

对于关键帧 I_1 和关键帧 I_2,有对应的 $x_1 = \pi(_c^w P_1 X)$ 和 $x_2 = \pi(_c^w P_2 X)$。其中,X 为空间三维点,x_1 和 x_2 分别是 X 在关键帧 I_1 和关键帧 I_2 上的平面投影点。这些表达式合并可以得到一个线性方程式 $AX = 0$。新关键帧的加入,要考虑比例变化问题,这可通过方程之间的交叉乘积去除尺度因子的影响。通过变换得到

$$\begin{bmatrix} \boldsymbol{p}_k^{2\mathrm{T}} & -u_k\,\boldsymbol{p}_k^{3\mathrm{T}} \\ \boldsymbol{p}_k^{1\mathrm{T}} & -v_k\,\boldsymbol{p}_k^{3\mathrm{T}} \end{bmatrix} \boldsymbol{X} = \boldsymbol{0} \tag{6.8}$$

式中:$\boldsymbol{p}_k^{i\mathrm{T}}$——$_c^w\boldsymbol{P}_k$ 投影矩阵的第 i 行向量;

$\begin{bmatrix} u_k & v_k \end{bmatrix}^{\mathrm{T}}$——三维空间点在第 k 帧的投影。

式(6.8)是一个冗余的方程组,可利用直接线性变换 DLT 法求得。

3. 局部集束优化

获得最新的关键帧及相关的特征点后,需对整个三维点和关键帧集进行优化。该过程需对目标函数 $E_{\mathrm{local}}(C^i, \Psi^i)$ 进行最小化计算。$C^i = \{I^{i-n+1}, \cdots, I^i\}$ 是当前关键帧的子集,也称为关键帧族,Ψ^i 是由这些关键帧重建好的三维点。目标函数 E_{local} 描述 Ψ^i 在过去的 $N(N \geqslant n)$ 帧图像中的重投影误差。这样可以减少参加优化的变量,可以避免每次优化都要耗费很多的时间来进行计算。由式(6.3)可得:

$$E_{\mathrm{local}}(C^i, \Psi^i) = E_{\mathrm{local}}(_c^w\boldsymbol{P}_i, \boldsymbol{X}_j, \boldsymbol{x}_{ij}) = \sum_{i \in A \cap B} \sum_{j \in L \cap S_i} \| \hat{\boldsymbol{x}}_{ij} - \boldsymbol{x}_{ij} \|^2 \tag{6.9}$$

式中:S_i——I^i 帧的特征点集;

B——除当前的关键帧子集之外,在其他的关键帧中,可以看到重构点集 Ψ^i 的其他关键帧的集合。

式(6.9)把关键帧族中的几个图像帧的摄像机参数、三维点以及它们的投影位置作为变量一起进行优化，在 ${}_c^w\boldsymbol{P}_i = \boldsymbol{K}({}_c^w\boldsymbol{R}_i, \boldsymbol{t}_i)$ 的约束条件下，进行最小化计算。局部集束优化如图 6.4 所示。

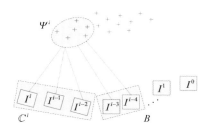

图 6.4　局部集束优化

为了验证局部集束优化的合理性，以 cvlab 数据库的两个图像序列为对象进行了实验，Fountain-P11 和 Herzjesu-P8 的部分序列帧分别如图 6.5 和图 6.6 所示。表 6.1 为实验序列的一些统计信息。所有的结果是在台式计算机上进行实验得到的，台式计算机配置为：Intel Core 2 Duo 2.80 GHz，4GB 内存，Windows 7 系统。

| (a) 第1帧 | (b) 第3帧 | (c) 第6帧 |

图 6.5　Fountain-P11 序列部分图像帧

| (a) 第1帧 | (b) 第5帧 | (c) 第8帧 |

图 6.6　Herzjesu-P8 序列部分图像帧

表 6.1　实验序列的统计信息

序列	Fountain-P11	Herzjesu-P8
帧数	11 帧	8 帧
分辨率	1024 像素×768 像素	1024 像素×768 像素

每个关键帧族 C 中,以某一帧为主要参考帧,关键帧族中的其他关键帧与该主要参考帧有部分重叠。分析图 6.7(a)和图 6.8(a)所示的结果发现,在匹配的最初阶段,重构生成的三维点最多,到了第 6 帧后,新加入的关键帧为重构场景添加的三维点的数量急剧下降。因此在做集束优化时,把所有的点和关键帧考虑进来,对场景的优化效果变得不明显,帧数的增加反而会增加计算的复杂度。

　　图 6.7(b)和图 6.8(b)描述的是关键帧两两匹配时最好的匹配特征数目和关键帧序数的关系。图像的特征用 FAST 方法检测,阈值 $\varepsilon_d = 40$(灰度值)。大于阈值的特征匹配对被认为是最好的。从图 6.7 和图 6.8 可以发现,关键帧相隔越远,最好的匹配特征对越稀少。由于相隔较远的关键帧和当前的关键帧相关性不大,因此,在局部集束优化时,只考虑当前的几个关键帧是一种合理选择。

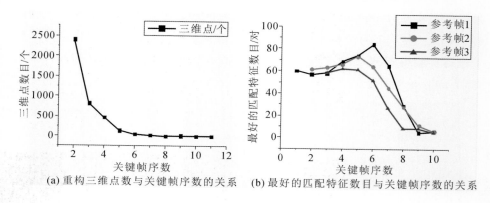

(a) 重构三维点数与关键帧序数的关系　　(b) 最好的匹配特征数目与关键帧序数的关系

图 6.7　Fountain 三维点数和关键帧关系

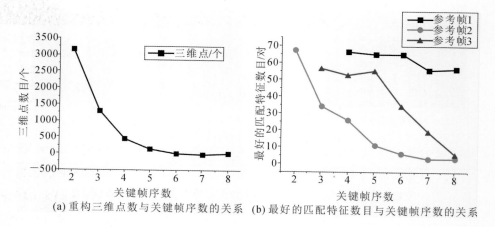

(a) 重构三维点数与关键帧序数的关系　(b) 最好的匹配特征数目与关键帧序数的关系

图 6.8　Herzjesu 三维点数和关键帧关系

4. 装配场景重构

为了测试所提算法的鲁棒性和高效性，首先对两个标准的图像序列进行实验，再对在实验室的环境中采样的一段桌面装配场景的视频序列进行实验。

1）对数据图像序列的实验

如图 6.9 所示的是对 Fountain 序列的场景重构结果，其中，图 6.9(a)所示的是场景真实点云图，图 6.9(b)所示的是用 Visual SFM 方法重构的结果，图 6.9(c)所示的是采用局部集束优化方法重构结果。图 6.10 所示的是对 Herzjesu 图像序列的重构结果，其中，6.10(a)所示的是场景真实点云图，图 6.10(b)所示的是采用 Visual SFM 方法重构结果，图 6.10(c)所示的是采用局部集束优化方法重构结果。采用局部集束优化方法重构的结果，虽然三维点变少了，但场景的表面特征能够得到保持。

(a) 真实场景点云　　　(b) 采用Visual SFM重构结果　　　(c) 采用局部集束优化
的方法重构结果

图 6.9　Fountain **序列的重构结果**

(a) 真实场景点云　　　(b) 采用Visual SFM重构结果　　　(c) 采用局部集束优化
的方法重构结果

图 6.10　Herzjesu **图像序列的重构结果**

通过实验发现，与 Visual SFM 方法相比，局部集束优化方法生成点云比较稀疏，但也能把场景的主要结构特征表达出来。实验结果主要是以点云方式表现，而这些点云是进行感知和识别的对象，因而对点云的密度要求不高，在保证基本精度的前提下，希望提高重构效率。对 Fountain 和 Herzjesu 图形序列进行点云重构，局部集束优化方法用了约 150 ms 和 120 ms，相比之下，利用 Visual SFM 方法重构需要花费的时间比局部集束优化方法多 7～10 倍的时间。局部集束优化方法虽然牺牲了一些精度，但在效率方面得到了大幅度的提升，这在增强现实的应用上是可行的。

2）真实装配序列实验

实验采用台式计算机，其配置为：Intel Core 2 Duo 2.80 GHz 处理器，4G 内存，Windows 7 系统。采用 C++编程，OpenCV 进行场景重构，Point cloud library[4]进行点云可视化处理。再用 Logitech Quick-CaPro 9000 摄像机（640 像素×480 像素分辨率，80°广角）采集了一段桌面装配场景的视频序列样本进行实验。表 6.2 所示为该视频序列的一些统计信息。

表 6.2　装配场景序列的统计信息

序列名称	帧数/帧	关键帧/帧	重构三维点数/个	特征个数/个	平均重投影误差/像素
装配场景	1218	96	3534	15395	0.687

如图 6.11(a)所示的为从一个装配场景视频序列中挑选的部分关键帧，图 6.11(b)所示的为生成的场景重构结果。该场景中有齿轮油泵、工具锤、扳手，以及钳子各一。在实验中对比了各种关键帧族的集束优化耗时。通过对比关键帧族 C^i 中的关键帧数量 $n=2,3,4,5$，发现局部集束优化的时间随着关键帧族中关键帧的增加而增加。关键帧族的帧数越多，时间耗费也越多。关键帧族的帧数超过 5 帧时，系统的重构将变得很缓慢。随着视频序列的帧数增多，把摄像机从一开始到当前状态下获取的所有关键帧当作一个大的关键帧族，对该关键帧族进行的集束优化，便是全局集束优化，此时的耗时最多。

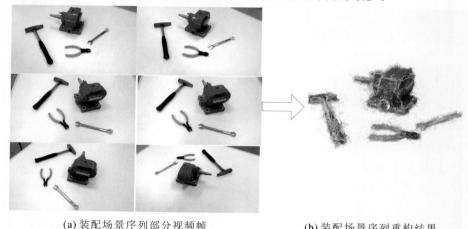

(a) 装配场景序列部分视频帧　　　　　　　(b) 装配场景序列重构结果

图 6.11　场景重构结果

6.2 移动增强现实中的摄像机跟踪

移动终端的增强现实应用主要靠摄像机获取场景信息,通过对场景信息进行分析,求解摄像机的位姿。本节介绍的跟踪技术和第 2 章的有所不同。一般而言,跟踪可以分为两类:基于检测的跟踪和基于跟踪的跟踪。前者的技术应用中,使用检测技术,把每一个输入的帧和模板帧进行匹配处理,计算出当前摄像机的位姿。后者通过计算当前输入帧和前一帧的关系来获取当前摄像机的位姿。很多求解方法通过求解前后多个连续帧的摄像机位姿来计算当前摄像机的空间位置,在优化过程中,前一帧被当作模板帧,进行估算处理。本书第 2 章介绍的跟踪技术属于前者,本节介绍的属于后者。通过连续帧获取的摄像机位姿参数对增强现实的可视化显示效果起着非常关键的作用。

6.2.1 摄像机跟踪框架

如图 6.12 所示的为基于光流的摄像机跟踪流程。摄像机在场景中平滑移动,获取一个在桌面上的装配场景视频。对输入的视频进行分析,选取关键帧,然后提取特征点,对相邻帧的对应特征点进行光流跟踪和匹配计算,求解摄像机的投影矩阵参数,利用 6.1 节的场景点云,获取三维点-二维特征点对应关系,进行局部集束优化,对重投影误差进行最小化求解。计算摄像机的精确位姿,实现对摄像机的跟踪。最后利用获取的跟踪位姿参数,在装配场景中绘制虚拟模型,进入增强现实应用阶段。

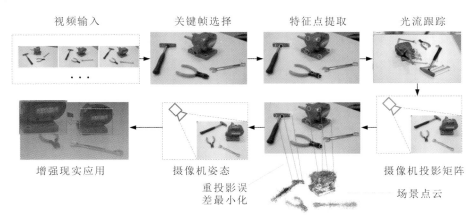

图 6.12　基于光流的摄像机跟踪

1. 关键帧选择

关键帧技术与特征点技术类似，以少数具有代表性的局部元素集对整体进行描述，在连续的视频帧中，选取少量的具有代表性的图像帧形成主干骨架集，使其仍然能够包含整个图像数据信息。这种方法可以减少数据冗余，在计算机视觉领域被广泛地用来挖掘图像的稀疏性能。在场景点云处理阶段，通过 SFM 方法恢复场景的三维点云，此时的关键帧选择要以提高场景的重构精确度为目标。在三维跟踪阶段，要利用关键帧之间的匹配对特征点进行跟踪和匹配，还要获取到当前帧和场景的二维-三维对应点对，在这个阶段，要快速识别目标，在实时输入的相似图像序列里自动选择最优关键帧变得非常重要。在实时三维跟踪阶段，关键帧主要为匹配跟踪提供参考信息，完成摄像机的跟踪和定位。

摄像机在未知场景中移动，并拍摄序列视频，如果两帧之间的距离和角度相差很小，那么它们之间有很多重复的信息，这些信息对于求解摄像机参数和场景结构来说是冗余的。要实现单目的实时摄像机跟踪，并不需要对每一帧都进行摄像机参数求解，而只需有效地选取关键帧，并利用相邻关键帧之间的时间和几何连续性。新关键帧的标准是：① 新关键帧与原有的关键帧至少相隔 10 帧，以减少数据冗余，避免对摄像机在一个位置上获取的图像进行重复计算；② 新加入的关键帧与上一关键帧有部分重叠，以保证能够提取足够数量的特征点；③ 新关键帧与上一关键帧的对应特征点的偏移量要控制在光流计算的范围之内。

2. 特征点检测和描述

虽然 SIFT、SURF 特征检测方法具有可靠性高的优点，但其算法的高耗时性对很多设备来说都是一个制约。本节使用 FAST 算法对图像进行特征点检测。

检测到图像特征点之后，在跟踪阶段，不需要对特征点进行描述，利用光流约束对这些点进行跟踪即可，但在恢复关键帧阶段，根据需要，选择合适的描述符对特征点进行表示。在选择描述符时不仅要考虑场景特征点具有尺度和旋转不变性，而且要考虑描述符占用的空间和后续的匹配问题，为此我们选择 SURF 作为特征点描述算法。该算子充分利用了 Haar 小波响应和积分图像，使特征描述符不仅具有尺度和旋转不变性，而且对光照的变化也具有有不变性。同时，SURF 算法描述符为 64 维向量，相对于 128 维的 SIFT 算法描述符向量，维度减少了一半,减少了描述符占用的内存,也节省了后续特征向量匹配算法的比较时间。

图 6.13 所示的图像中,提取了 FAST 检测算子,用 SURF 方法进行特征描述,图 6.13(a)所示的为其初始匹配结果,图 6.13(b)所示的为经过 Ransac 过滤后的匹配结果。

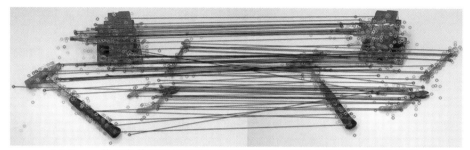

(a) Ransac处理之前匹配结果(有85对匹配特征,但其中有不少的错误匹配,对应点的连线显得很杂乱)

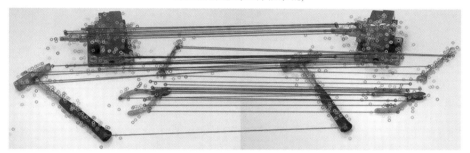

(b) 匹配错误过滤之后的匹配结果(有32对正确的特征匹配,错误的匹配对被剔除)

图 6.13　相邻关键帧的匹配

3. 场景管理

场景管理包括对点云、关键帧、关键帧上特征点,以及它们之间关系的管理,如图 6.14 所示。

场景以稀疏点云表示为 $P=\{p_0,p_1,p_2,\cdots,p_n\}$,其中包含 n 个三维点 $p_i=\{x_i,y_i,z_i\}$,以世界坐标表示。

关键帧涉及的信息包括:每个关键帧与相邻帧的配准关系;相对摄像机参数;从世界坐标到每个关键帧的投影矩阵$_c^w\boldsymbol{P}$;由关键帧中提取的特征点;三角化计算生成的二维-三维对应点列表。不是所有的特征点在整个视频帧里都被跟踪和匹配。每个关键帧将采用 FAST 检测算法提取特征点,再利用相邻关键帧图像之间的约束,求解关键帧的二维-三维特征点配准关系,最后通过三角化算法计算它们在世界坐标系中的坐标。

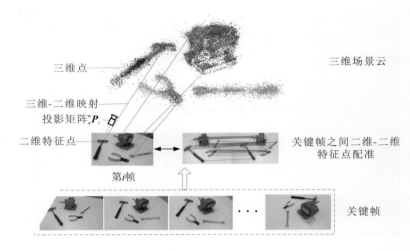

图 6.14　场景数据关系图

6.2.2　基于稀疏光流的摄像机姿态估计

在对摄像机的跟踪过程中,需要对输入的关键帧(以当前帧表示)的投影矩阵进行计算。由于之前的关键帧已经求解出摄像机的投影矩阵,可以通过建立特征点对应的方法求解当前帧的姿态。为此需要对当前帧和之前关键帧之间的对应特征点进行跟踪。

对于视频序列,通常要对相邻的图像帧进行这样的处理:提取特征点,计算特征点的描述算子,然后进行匹配,并利用极线几何原理和采用 RANSAC 方法剔除外点,求解图像帧之间的约束关系,这个关系由一个 3×3 的基础矩阵描述(如果已知摄像机内参数,基础矩阵就由本质矩阵代替)。虽然图像特征的各种计算算法已经取得很大的发展,但在实时应用上总有很多的限制,尤其是相互匹配阶段,耗时很多,是系统实时应用的瓶颈。

为此,本节首先采用光流预测的方法预测标识点的图像坐标位置,而后采用局部搜索的方法确定标识点在新的图像中位置,以减少对整幅图像进行处理识别的时间,加快搜索速度,提高算法的实时性。

1. 光流约束方程

为了找到关键帧之间的约束,经常采用特征匹配的方法。但特征匹配时不能有效利用连续关键帧之间的约束关系,很难提高系统效率。摄像机在场景中移动时,获取的图像会发生变化,在图像上观察到的表面的模式运动就是所谓的光流场[5]。如图 6.15 所示为场景中三维点的投影对应点,它们相对于摄像机的运动满足针孔投影方程。传统的光流计算是对图像中的每一个像素进行计算,这种计算简称为稠密光

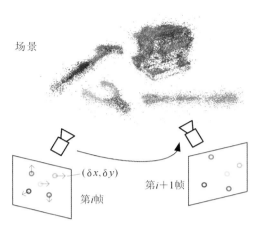

图 6.15　空间点的光流图

流计算,计算需要耗费大量的时间和内存。实际的应用中为了满足特征点的实时跟踪要求,并不需要对图像像素进行逐一的计算。由于摄像机在场景中的移动是平滑的,相邻图像帧之间一些具有明显特征的像素发生的变化不大,因此可以对这些像素点进行跟踪,以此建立相邻帧之间的摄像机位姿的对应和约束关系。

设 $I(x,y,t)$ 是图像点 (x,y) 在时刻 t 的灰度值,如果 $u(x,y)$ 和 $v(x,y)$ 是该点光流的 x 和 y 分量,假定点在 $t+\delta t$ 时运动到 $(x+\delta x,y+\delta y)$,灰度值保持不变,其中,$\delta x=u\delta t$,$\delta y=v\delta t$,即

$$I(x + u\delta t, y + v\delta t, t + \delta t) = I(x,y,t) \tag{6.10}$$

有关光流的计算在很多文献已经有很多的阐述,如何求解特征点在相邻帧中的偏移量 $(\delta x,\delta y)$,可以参照文献[6]。

2. 光流预测

本节采用 FAST 方法提取图像帧的特征点。对于新加入的关键帧以及与它相邻的关键帧,新加入的关键帧在这里简称为当前帧,其相邻的关键帧为目标帧。两个图像之间有一个很小的旋转变化。这两个关键帧的检测结果如图 6.16(a)、(b)所示,白色的圆圈是提取的特征点。这些特征点反映一些场景纹理变化较大的区域,在同一个场景不同角度拍摄得到的图像,如果拍摄角度变化很小,那么,这些特征点在不同图像中的位置变动也不大。从这些图像中提取的特征点的位置、数量在理论上是相同的,或者说差别不大。

采用 FAST 算法所提取出的具有明显纹理的特征点,只有其位置和斑点响应值信息。接下来,要采用稀疏光流法对提取的特征点进行跟踪。该算法对每个特征点邻域图像块之间的相似度进行估计,对这些相似的特征点进行跟踪,在图像块内发生较小位移时能获取较高的匹配精度,耗时也较少。图 6.16(c)所示的为由待检测帧到参考帧的光流方向的计算结果,因为这两帧图像除了移动还有小角度的旋转,所以有不同的光流方向。

(a) 当前帧与特征点

(b) 目标帧与特征点

(c) 特征点的光流估计

图 6.16 稀疏光流计算

通常摄像机沿着一条连续平滑的轨迹移动,而在实际情况中,大多数的应用并不符合这一假设,尺度大而不连续的运动非常常见。关键帧的姿态由于不连贯可能导致场景中像素发生较大的变化,因此上述稀疏光流算法在实际跟踪中效果不佳。为了提高算法鲁棒性,在特征点周围使用大的窗口来捕获这些大的运动。但大窗口往往会违背光流法运动连贯的假设,为此采用图像金字塔法来解决这个问题[6]。具体做法是,从图像金字塔的最高层开始计算光流,这时分辨率较小,所需计算量也小。接下来将该层计算结果作为下一层计算的起始值,重复这个过程直到金字塔的最底层,也就是图像分辨率最大的图像空间。如图 6.17 所示的为一个多尺度的光流计算示意图,这种由粗糙到精细的策略将不满足连续缓慢运动假设的可能性降到最小,从而可实现对更快和尺度更大的关键帧的跟踪。本节采用三层金字塔的方法对图像进行采样。

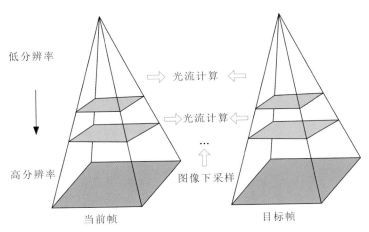

图 6.17　多尺度的光流计算示意图

多尺度光流算法为了提高求解特征点位置的效率,先预估下一帧特征点出现的位置,以该预测位置为圆心,构造一个圆形搜索区域,落在该区域之内的特征点被认为是匹配候选点。这样做的优点是可以省掉对特征点的描述计算,同时,使用由粗糙到精细的策略可以缓解对计算内存的大量需求,还可以缩小特征点匹配的搜索范围。

3. 自适应近邻搜索

光照、遮挡或者噪声等因素的影响,使有些特征在某一帧图像中能提取,在另外一帧中却不能检测;有些场景有很多重复结构,比如楼梯、窗户等,从这些重复结构中提取的特征点有可能靠得很近,这也会影响特征的匹配。而上述的各种因素都会导致误匹配现象的发生。为了解决误匹配问题,本节采用了自适应的近邻搜索方法,通过对比次紧邻和最近紧邻距离,找到最佳的匹配。

如图 6.18 所示,假设一个特征点 D_D 是空间点 X 在第 t 帧的投影,跟踪到第 $t+1$ 帧,图 6.18 所示虚线圆圈为第 $t+1$ 帧的局部特征分布情况。D_D 经过光流的预测估算,移动微小距离 $(\delta x, \delta y)$,到达圆心位置 D'_D。以阈值 τ 为半径的圆圈外,有特征点 D_G,D_G 因不在阈值内而被剔除。

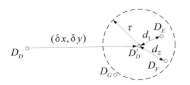

图 6.18　自适应近似搜索

圆圈内有特征点 D_E 和特征点 D_F,这两个特征点都有可能和特征点 D_D 是对应特征点。为了从中找到正确的匹配,这里使用一种自适应式的匹配

策略,利用最小特征距离与次小特征距离的比值

$$c = \frac{d_1}{d_2} = \frac{\| D'_D - D_E \|}{\| D'_D - D_F \|} \tag{6.11}$$

来进行检验,如果比值小于某一个阈值 τ(此处设为 0.7),则判断为匹配成功,从而 $D_D \leftrightarrow D_E$ 是一对对应特征点。这种方法的效率相比固定阈值的有了很大的提升,在图像尺度以及光照变化大的区域,可以保证获取稳定的特征点匹配率。阈值 τ 在实验中设为 2 个像素。

4. 摄像机位姿方程

用 6 个参数来表达每一帧的摄像机位姿:即位姿参数 $\boldsymbol{R} = \begin{bmatrix} R_x & R_y & R_z \end{bmatrix}$,位置参数 $\boldsymbol{t} = \begin{bmatrix} t_x & t_y & t_z \end{bmatrix}^T$。三维点 $\boldsymbol{X}$ 和它们对应的投影二维点 m 的关系为

$$m = \pi(\boldsymbol{K}(\boldsymbol{R}, \boldsymbol{t})\overline{\boldsymbol{X}}) \tag{6.12}$$

式中:$\boldsymbol{K}$——3×3 标定矩阵,本节采用的是单目摄像机,焦距基本不变,为了简化计算,事先标定好摄像机;

$\overline{\boldsymbol{X}} = \begin{bmatrix} \boldsymbol{X} & 1 \end{bmatrix}^T$——已知的三维点的齐次坐标;

$\boldsymbol{R}$——由三个绕坐标轴的旋转 R_x、R_y 和 R_z 组成。

摄像机经过标定后,位姿参数可以写成

$$_c^w \boldsymbol{P} = \boldsymbol{K}(\boldsymbol{R}, \boldsymbol{t}) = \begin{bmatrix} p_{00} & p_{01} & p_{02} & p_{03} \\ p_{10} & p_{11} & p_{12} & p_{13} \\ p_{20} & p_{21} & p_{22} & p_{23} \end{bmatrix} \tag{6.13}$$

得到当前帧和目标帧的对应特征点之后,可以利用极线几何原理计算基础矩阵,再利用五点算法[1]获取当前帧的基础矩阵 $\boldsymbol{F}$,然后再采用 RANSAC 方法剔除外点[7],只有一些灰度信息超出一定阈值的特征点被保留下来。为了不失一般性,一般假设目标帧的观察坐标系为参考坐标系,投影矩阵为 $_c^w \boldsymbol{P}_{object} = (\boldsymbol{I}, \boldsymbol{0})$,可以得到当前帧的投影矩阵为

$$_c^w \boldsymbol{P}_{current} = (\boldsymbol{e}_{12} \times \boldsymbol{F}_{12}, \boldsymbol{e}_{12}) \tag{6.14}$$

得到当前帧的投影矩阵后,就可以利用此矩阵参数渲染虚拟模型,获得增强现实虚实融合的视觉显示效果。但光流的跟踪效果经常会受到光照等的影响,导致计算出来的投影矩阵不够精准,为此还要利用构建好的场景点云进行进一步的处理。

场景点和图像帧上的特征点的关系可由式(6.12)转换成一组线性方程组:

$$\begin{cases} u_i = \dfrac{p_{00}\,x_i + p_{01}\,y_i + p_{02}\,z_i + p_{03}}{p_{20}\,x_i + p_{21}\,y_i + p_{22}\,z_i + p_{23}} \\[3mm] v_i = \dfrac{p_{10}\,x_i + p_{11}\,y_i + p_{12}\,z_i + p_{13}}{p_{20}\,x_i + p_{21}\,y_i + p_{22}\,z_i + p_{23}} \end{cases} \tag{6.15}$$

式中：$\boldsymbol{m}_i = \begin{bmatrix} u_i & v_i \end{bmatrix}^{\mathrm{T}}$——观测到的二维特征位置；

$\boldsymbol{X}_i$——已知的三维点的位置，$\boldsymbol{X}_i = \begin{bmatrix} x_i, y_i & z_i \end{bmatrix}^{\mathrm{T}}$；

$p_{ij}(i=0,1,2;j=0,1,2,3)$——摄像机位姿矩阵 $\boldsymbol{K}(\boldsymbol{R},\boldsymbol{t})$ 中的未知量。每一对三维-二维对应点可以形成两个方程，要计算投影矩阵中 12 个或 11 个未知量，至少要知道三维和二维位置间的 6 个对应点。

式(6.15)也可以写成：

$$\begin{bmatrix} & & & & \vdots & & & & & & & \\ x_i & y_i & z_i & 1 & 0 & 0 & 0 & 0 & -u_i x_i & -u_i y_i & -u_i z_i & -u_i \\ 0 & 0 & 0 & 0 & x_i & y_i & z_i & 1 & -v_i x_i & -v_i y_i & -v_i x_i & -v_i \\ & & & & \vdots & & & & & & & \end{bmatrix} \begin{bmatrix} p_{00} \\ p_{01} \\ p_{02} \\ p_{03} \\ p_{10} \\ p_{11} \\ p_{12} \\ p_{13} \\ p_{20} \\ p_{21} \\ p_{22} \\ p_{23} \end{bmatrix} = \boldsymbol{0}_{2n\times 1} \tag{6.16}$$

如果三维-二维对应点超过 6 个或者更多，位姿求解变成了数值分析中的超静定问题，为了降低噪声影响，更精确的摄像机位姿参数可通过非线性最小二乘(non-linear least square)方法求得，该方法的数学模型是要最小化特征点的预测投影位置与实际检测位置之间的欧几里得距离误差，也就是最小化重投影误差：

$$_{c}^{w}\boldsymbol{P}_{\text{current}} = \arg\min \sum_{i=0}^{N} \| \pi(_{c}^{w}\boldsymbol{P}_i, \boldsymbol{X}_i) - \boldsymbol{m}_i \|^2 \tag{6.17}$$

式中：$\pi(\cdot)$——摄像机的投影函数，$\pi(\cdot)$ 返回空间中三维点 $\boldsymbol{X}_i$ 在摄像机成像面上的预测投影位置；

$\boldsymbol{m}_i$——特征点在图像中的投影位置。

在给定初始解的情况下,式(6.17)的精确解可通过利文伯格·马昂尔德(Levenberg-Marquardt)算法(LM算法)迭代求解。

当前帧和前两个关键帧组成一个关键帧族,关键帧如果相隔较远,相互之间包含的信息量将大幅度下降,相互的对应特征点将变少。因此,为了提高跟踪效率,在进行重投影误差最小化计算时,只对与当前帧有密切关系的关键帧族进行重投影误差计算,即缩小式(6.17)的运算规模,可表示为

$$ {}_c^w \boldsymbol{P}_{current} = \arg\min \sum_{i=0}^{keyframebundle\_num} \| \pi({}_c^w \boldsymbol{P}_i , \boldsymbol{X}_i) - \boldsymbol{m}_i \|^2 \qquad (6.18) $$

式中:keyframebundle_num——当前关键帧族中的图像帧数量。

6.2.3　基于语义 SLAM 的摄像头跟踪优化

SLAM(simultaneous localization and mapping,即时定位与地图构建)早期应用于军事潜艇定位,近几年广泛应用于机器人导航、无人驾驶、增强现实和虚拟现实设备的空间定位。针对所使用的传感器不同,目前常用的 SLAM 算法主要是基于:激光雷达和摄像头,而摄像头可分为单目摄像头、多目摄像头、深度摄像头、TOF 摄像头等。近两年 SLAM 开始在增强现实领域发挥作用,以微软的HoloLens 为代表的增强现实头显就是率先应用基于 SLAM 的三维注册的技术,其整合了深度摄像头、RGB 摄像头、红外传感器等,能自主构建所处场景的三维地图,提高了增强现实三维注册的准确性和鲁棒性。SLAM 算法的数学模型为

$$ \begin{cases} X_k = f(x_{k-1}, u_k, w_k) \\ D_{k,j} = h(y_j, X_k, V_{k,j}) \end{cases} \qquad (6.19) $$

式中:u_k——运动传感器的输入;

w_k——噪声;

f——激光雷达或者视觉传感器,可定义 x_k 为运动方程;

$D_{k,j}$——观测方程;

X_k——传感器所处位置;

y_j——观测到的特征。

式(6.19)中的两个方程包括最基本的 SLAM 问题,当获取运动测量数据 u和传感器数据 z 时,求解传感器定位问题和地图构建问题。

针对目前移动端增强现实应用定位精度不足的问题,笔者提出一种基于语义 SLAM 的增强现实三维注册改进算法,在视觉 SLAM 算法的基础上加入场景语义信息,以减少 SLAM 算法中的误匹配特征点数,提高增强现实三维注册

的精度。本小节主要分两部分介绍基于 SLAM 的增强现实三维注册方法,第一部分是传统的基于视觉 SLAM 的增强现实注册方法,第二部分是基于语义 SLAM 的增强现实三维注册改进方法。

1. 基于视觉 SLAM 的增强现实三维注册方法

视觉 SLAM 算法分为前端和后端,前端通过匹配对比帧与帧间的关系,确定摄像头在空间中的位姿,而后端主要通过优化算法进行轨迹闭环检测并修正定位误差。基于视觉 SLAM 的增强现实三维注册方法不受增强现实标识的限制,适用相对较大的应用场景。

传统的增强现实的应用大多通过识别已知尺寸、形状的特定标识,通过提取标识上的特征点,计算得到摄像头与标识的相对关系,并将虚拟对象叠加在该标识所处的平面上,实现增强现实的虚实叠加的效果。然而,由于在日常的生活生产中大多不允许使用标识,因此基于标识的增强现实三维注册方法具有很大的局限性,而基于视觉 SLAM 的三维注册方法可以有效地解决该问题。

如图 6.19 所示的为基于单目视觉 SLAM 的增强现实注册方法的示意图,通过摄像机在空间中的移动,实时获取不同时刻、不同角度的相邻关键图像帧,并对图像帧进行特征点提取与描述子计算,通过对相邻帧进行特征点匹配以及三角计量法计算得出摄像头的位姿信息,同时,实时进行 SLAM 的后端闭环检测,如图 6.20 所示,修正摄像头在空间中的位姿偏移,从而实现高效便捷的增强现实三维注册。比较有代表性的视觉 SLAM 算法有 ORB-SLAM2[8] 等。ORB-SLAM2 算法兼顾了实时性和准确性,比较适用于增强现实的三维注册与场景点云地图构建。

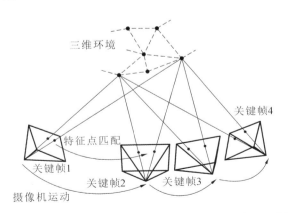

图 6.19 基于单目视觉 SLAM 的增强现实三维注册示意图

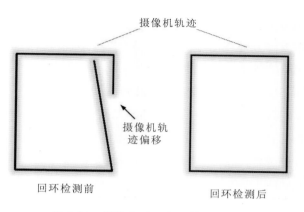

图 6.20　视觉 SLAM 闭环检测示意图

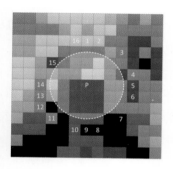

图 6.21　ORB 特征算法示意图

SLAM 算法是由定位(localization)和建图(mapping)两部分构成的。对于定位问题,可以应用基于特征点或者基于直接法的方法求解,目前常用的方法是基于图像特征点的方法,其中 ORB(oriented FAST and rotated BRIEF)[9]算法(见图 6.21)是目前比较高效的特征点提取与匹配算法,它采用改进的 FAST 算法关键点检测方法,使特征点具有方向性,并采用具有旋转不变性的 BRIEF 特征描述算子。FAST 算法和 BRIEF 算法都是非常快速的特征计算方法。确定 FAST 算法特征点的表达式为

$$N = \sum x \,\forall\, (\mathrm{circle}(p)) \mid I(x) - I(p) \mid > \varepsilon_d \qquad (6.20)$$

式中:$I(x)$——圆周上特征点的灰度值;

　　$I(p)$——中心特征点的灰度值;

　　ε_d——两特征点灰度值的阈值;

　　N——两特征点灰度值的差值大于 ε_d 的总数,如果 N 大于圆周上特征点总数的 3/4,则该点为 FAST 算法特征点。

通过 ORB 算法提取场景图像特征点后,需要计算图像特征点间的一一对应关系。如式(6.21)所示,P 和 Q 是相邻帧中两组一一对应的特征点,基于 SLAM 的增强现实三维注册需要获取摄像机的位姿,即通过这两组特征点求出

摄像机的旋转矩阵 **R** 和位移向量 **t**：

$$\begin{cases} P = \{ p_1, p_2, p_3, \cdots, p_n \} \in F_1 \\ Q = \{ q_1, q_2, q_3, \cdots, q_n \} \in F_2 \\ \forall_{i, p_i} = \bm{R} Q_i + \bm{t} \end{cases} \qquad (6.21)$$

增强现实头显定位需要和场景物体进行坐标转换，图 6.22 所示的是一个增强现实头显成像示意图。

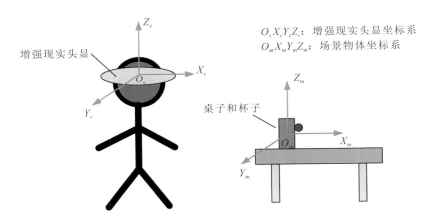

$O_c X_c Y_c Z_c$：增强现实头显坐标系
$O_m X_m Y_m Z_m$：场景物体坐标系

图 6.22 增强现实头显成像示意图

假设如图 6.22 所示的场景中桌子和杯子在 $O_m X_m Y_m Z_m$ 坐标系下，增强现实摄像头在 $O_c X_c Y_c Z_c$ 坐标系下。其中增强现实中成像的数学模型为

$$\begin{bmatrix} x_c \\ y_c \\ 1 \end{bmatrix} = \bm{K} \begin{bmatrix} x_c \\ y_c \\ z_c \\ 1 \end{bmatrix} = \bm{T}_{cm} \begin{bmatrix} x_c \\ y_c \\ z_c \\ 1 \end{bmatrix} \qquad (6.22)$$

式中：**K**——摄像机内参矩阵，

$$\bm{K} = \begin{bmatrix} s_{x_f} & 0 & u_0 & 0 \\ 0 & s_{x_f} & v_0 & 0 \\ 0 & 0 & 1 & 0 \end{bmatrix} \qquad (6.23)$$

$\bm{T}_{cm}$——摄像机外参矩阵，

$$T_{cm} = \begin{bmatrix} R_{33} & T_{31} \\ 0 & 1 \end{bmatrix} = \begin{bmatrix} R_{11} & R_{12} & R_{13} & T_1 \\ R_{21} & R_{22} & R_{23} & T_2 \\ R_{31} & R_{32} & R_{33} & T_3 \\ 0 & 0 & 0 & 1 \end{bmatrix} \tag{6.24}$$

随着人们对增强现实交互体验以及定位精准度要求的提高,目前基于点云地图的 SLAM 算法逐步出现瓶颈,要想实现人机交互的真实感和沉浸感,增强现实头显设备需要进一步提高定位精度以及对场景的感知能力。

2. 基于语义 SLAM 的增强现实场景构建

1) 语义分割的实现

语义分割主要应用全卷积神经网络,实现像素级别的物体识别与物体边缘提取,主要实现步骤如图 6.23 所示。全卷积神经网络与卷积神经网络的主要区别是:卷积神经网络输入的是一张图像,输出的是对图像中物体识别后的一个概率值;而全卷积神经网络输入的是一张图像,输出的是和输入图 1∶1 大小的语义分割图。全卷积神经网络是像素到像素的映射,是一个像素级的识别,对输入图像的每一个像素在输出上都有对应的判断标注,标明该像素最有可能是一个什么物体或类别。

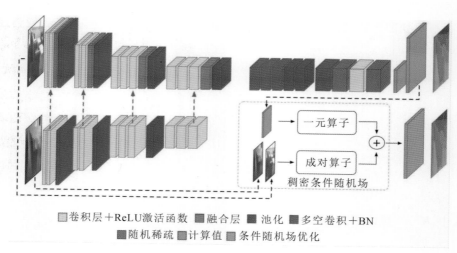

图 6.23 语义分割示意

语义分割的主要流程如下。

(1) 图像输入 图像输入主要采用摄像头作为图像输入设备,采样场景的

RGB 图像。

（2）卷积处理　对输入图像进行多个卷积层处理，提取更深层的图像特征，并排除多余的干扰特征信息，图 6.24 所示的是深度神经网络中卷积层特征提取示意图，方格中数字代表图像像素值。

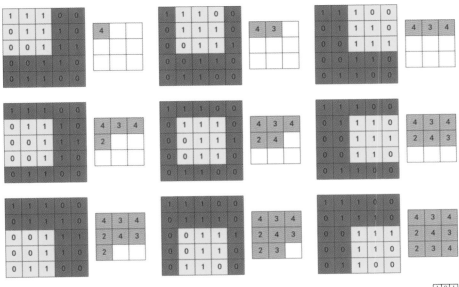

注：3×3卷积核 <table><tr><td>1</td><td>0</td><td>1</td></tr><tr><td>0</td><td>1</td><td>0</td></tr><tr><td>1</td><td>0</td><td>1</td></tr></table>

图 6.24　卷积层示意图

（3）池化处理　在实际应用中，相邻的像素往往代表同一种物体类别，如果按照图像上每个像素依次计算，就会出现冗余，因此要通过池化处理来对图像进行切块，并将切块后得到的图像像素值的均值或最大值作为该切分区域的新值（本算法采用最大池化处理），得到新的图像，并将该图像作为下一层卷积层的输入图。图 6.25 所示的是池化处理的示意图，相应的颜色是做最大池化处理后的相应结果。

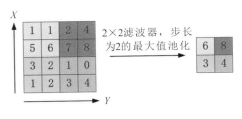

图 6.25　池化处理示意图

（4）反卷积处理　经过卷积得到的图像大小是前一层图像的 1/2，由于全卷积神经网络是用于像素级识别的，像素与像素之间是全映射的关系，因此需要对卷积后的图像进行还原，即采用反卷积操作将图像扩充至原来图像的大小。

（5）条件随机场（CRF）　Lafferty 等人[10]于 2001 年提出的条件随机场，结合了最大熵模型和隐马尔可夫模型的特点，是一种无向图模型。通过条件随机场优化，将语义分割结果中明显不符合事实的识别结果剔除，替换成合理的识别结果，得到对全卷积神经网络的图像语义预测结果的优化，生成最终的语义分割结果。

图 6.26 所示的是对汽车生产车间的语义分割效果图，第一列是原始图像，第二列是语义图，第三列是带有识别概率的语义图。

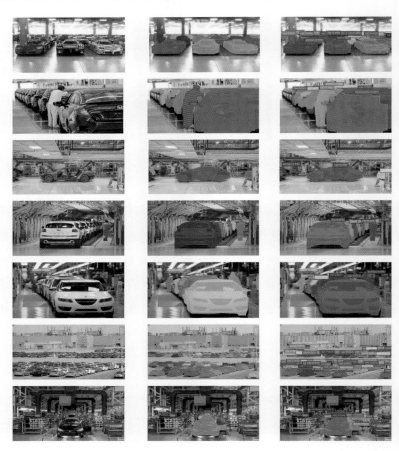

图 6.26　汽车生产车间语义分割效果图

2）语义 SLAM 算法

语义 SLAM 算法主要融合场景物体语义分割结果和视觉 SLAM 算法,语义信息主要作用在视觉 SLAM 算法中关键的特征点匹配阶段。根据语义分割算法得到图像帧中物体的类别信息以及其所在像素区域,在进行相邻帧自然特征点匹配时,先通过搜索图像中物体的类别,再从像素区域寻找对应的特征点。这样可缩小特征点搜索范围,从而提高特征匹配的效率;同时,保证相邻帧匹配成功的自然特征点是在相同的像素区域内,以提高相邻帧特征点匹配的准确率,提高增强现实应用中的三维注册的准确率及稳定性。语义 SLAM 算法实现步骤如图 6.27 所示。

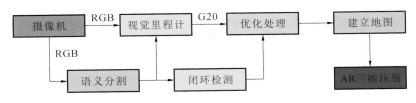

图 6.27　语义 SLAM 算法示意图

语义 SLAM 算法主要分为以下几部分。

（1）数据采样:主要采用 RGB 摄像机进行图像采样。

（2）视觉里程计:该阶段主要通过匹配相邻帧之间相应特征点,根据匹配上的特征点计算并记录输入设备的位姿信息。

（3）语义分割:根据场景中物体的语义分割结果以及其所在像素区域,提高自然特征点匹配时的搜索速度以及匹配精度,并在输入设备位姿记录的同时记录场景语义信息。

（4）闭环检测:如图 6.28 所示,在摄像机对场景进行扫描时,根据实时的摄像机位姿计算结果以及场景语义分割结果,生成语义轨迹地图,地图上包含了相对应摄像机位姿的语义对象。当摄像机采样到新的图像帧时,首先判断当前新帧中的物体类别是否在已生成的轨迹地图中出现过,如果是,读取轨迹地图上该物体的摄像机位姿信息,并对新帧中摄像机空间坐标进行修正,实现SLAM 算法的闭环检测。本小节设计的闭环检测先通过搜寻场景中的物体类别,相比于搜寻整帧的特征点,可以缩小搜索范围以及减少误匹配,从而提高三维注册的鲁棒性。

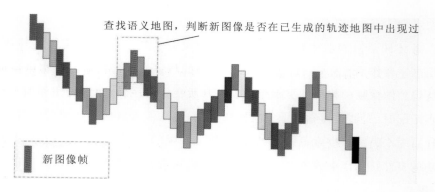

图 6.28　语义轨迹地图示意图

矩形代表摄像机位姿，颜色代表语义信息。

（5）三维注册：根据以上步骤得出摄像机在空间中的位姿后，将虚拟模型叠加到相应的真实场景中，完成增强现实的三维注册。

基于语义 SLAM 的增强现实三维注册算法中，在获取场景语义信息的同时，结合语义信息对视觉 SLAM 中的自然特征点匹配进行优化，以提高特征点匹配的效率和精准度。主要是在特征点匹配过程中，根据语义信息限定特征点匹配区域，减少因光照、遮挡等干扰信息所引起的特征点误匹配率，从而提高视觉 SLAM 算法中特征点匹配的精度，实现更精准的增强现实三维注册。如图 6.29 所示，场景中存在桌子和椅子，在自然特征点匹配中，如果匹配结果不与相应类别一一对应，则判定为误匹配，该匹配点将会被剔除。

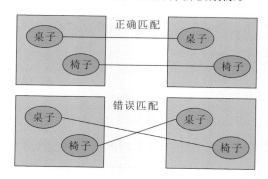

图 6.29　基于语义信息的特征点匹配优化示意图

匹配算法为

$$\begin{cases} P_{RGB} = Q_{RGB} \\ P \in I_1 \\ Q \in I_2 \end{cases} \qquad (6.25)$$

式中:P、Q——相邻帧 I_1 和 I_2 上的匹配点。

通过语义信息限定匹配范围,可减少误匹配点的数量以及缩小匹配的范围。因为语义分割得出的对象类别以不同颜色的掩膜表示,所以只需要根据语义分割后图像上的颜色限定匹配点。如果两匹配点的颜色相同,即认为该匹配点为正确匹配点,否则判定为误匹配点并剔除该点。例如,如图 6.29 所示的是相邻两个关键帧,场景中的桌子和椅子通过语义分割后,有不一样颜色的掩膜,代表着不同的物体类别,当进行图像匹配时,如果两匹配点不属于同一物体,则认定为误匹配点,将其去除。

如图 6.30 所示的是语义分割的效果图,第一列和第三列是相邻帧的原始图像,第二列和第四列是相应的语义分割后的结果,不同颜色的掩膜代表了不同物体的类别。图像中每个像素除了有相应的坐标值外,还有该像素的类别信息。在特征点匹配中引入语义类别信息,限定匹配成功的特征点属于同一个类别。如图 6.31 所示,将相邻帧的原图中的物体进行提取,减少了场景中特征点的数量,缩小了特征点搜索的范围,限定两关键帧中匹配点在相同的对象区域,以提高匹配的准确率以及效率。实验证明,语义 SLAM 算法能有效减少误匹配点的数量,提高增强现实 3D 注册的精度。

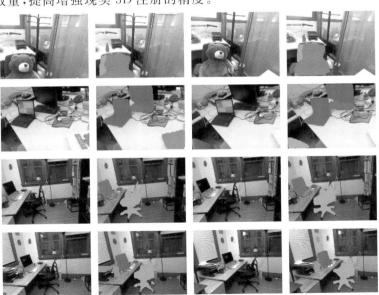

图 6.30　语义分割效果图

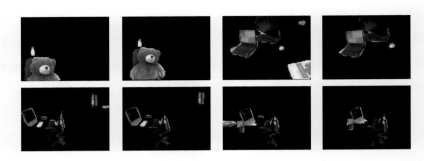

图 6.31　语义区域提取

6.2.4　摄像机跟踪的应用

实验采用的台式计算机的配置为：Intel Xeon(R) E31225 3.10GHz 处理器，16GB 内存，Windows 7 系统。Logitech Quick-CaPro 9000 摄像机采样的图像有 640 像素×480 像素分辨率，80°广角，24 f/s。采用 C++编程，OpenCV 和 Point cloud library 进行点云管理。

选择桌面上的装配场景为对象进行摄像机跟踪实验。场景中包括一个齿轮油泵、一把工具锤、一把钳子，以及一把扳手，如图 6.32(a)所示。摄像机做平滑以及小角度的移动，获取一个序列视频，如图 6.32(b)所示的为场景中部分图像帧。

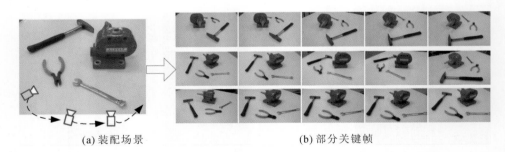

(a) 装配场景　　　　　　　　　　　　　　(b) 部分关键帧

图 6.32　装配场景与部分装配场景关键帧

首先提取图像的 FAST 特征点，特征点检测器的阈值设置为 15～30，每帧图像大约有 150 个特征点用于下一步的运算。特征点跟踪和匹配采用稀疏光流估计，利用自适应的最大距离和第二大距离的比值获取匹配点，并结合基础矩阵和 Ransac 算法来剔除误匹配点。为了减少噪声影响，可以采取双向跟踪和匹配的方法。

　　试验在对摄像机的运动参数和位姿进行求解的同时,也对场景中出现的工具和零部件表面结构参数进行求解,获取了 305 个关键帧以及在装配工作场景中的 4080 个三维点,如图 6.33 所示,这些关键帧和三维点从不同角度展示了获取的摄像机位姿和场景点云。

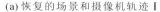

<table>
<tr><td>(a) 恢复的场景和摄像机轨迹 Ⅰ</td><td>(b) 恢复的场景和摄像机轨迹 Ⅱ</td></tr>
</table>

图 6.33　装配工作场景的摄像机跟踪

　　旋转矩阵 $\boldsymbol{R}$ 虽然可用围绕三个基本轴旋转的乘积获得,但旋转结果和施加变换的顺序有关系。为了表示光滑移动的摄像机,在实际应用中把旋转矩阵 $\boldsymbol{R}$ 变换成用四元数法(quaternion)表示,以向量 $\boldsymbol{q} = \begin{bmatrix} \lambda_0 & \lambda_1 & \lambda_2 & \lambda_3 \end{bmatrix}^{\mathrm{T}}$ 表示。有关 $\boldsymbol{R}$ 和 $\boldsymbol{q}$ 的转换关系可以参考相关文献[5]。如表 6.3 所示的为部分关键帧的姿态参数 (t, λ)。

表 6.3　部分关键帧的姿态参数

	t_x/mm	t_y/mm	t_z/mm	λ_0	λ_1	λ_2	λ_3
第 5 帧	-6.6018	-27.1189	-235.9506	0.8870	0.3131	0.3131	0.1311
第 9 帧	20.1281	-22.9604	-239.0850	0.8954	0.3149	0.2888	0.1250
第 15 帧	42.7959	-23.9653	-237.3181	0.9046	0.3185	0.2599	0.1126
第 22 帧	83.1654	-38.5363	-224.7846	0.9185	0.3168	0.2176	0.0929
第 31 帧	109.4546	-52.5243	-216.1366	0.9283	0.3311	0.1660	0.0333
第 48 帧	148.5315	-63.3743	-219.4825	0.9243	0.3206	0.1964	0.0661
第 64 帧	554.7288	-244.4469	-65.9273	0.9231	0.3054	-0.2222	-0.0726

　　表 6.4 说明的是部分关键帧中 50 个最好的特征点的跟踪时间,是以装配场景为实验对象测得的。在跟踪系统开始工作前,系统需要一个初始的场景点云模型,场景的点云可以利用第 5 章获取的结果。为了获取一个度量意义上的

初始值,在选取三个关键帧来开始场景的初始化时,注意控制三个关键帧覆盖的装配场景范围,第二个关键帧、第三个关键帧距离前一个关键帧 10 cm 左右。

表 6.4　部分关键帧中 50 个最好特征点的跟踪用时

名称	用时/ms
特征检测	1
光流计算及匹配	～20
场景点云计算	～22
局部集束优化	10
总用时	～53

从用时来看,跟踪系统获取关键帧的速度可以达到大约 18 f/s,略低于视频获取的速度。不过对增强现实应用来说,由于摄像机并不是常常移动的,而是需要在某个场景停留,在这种情况下,这个速度可以满足跟踪需求。

图 6.34 所示的为虚拟信息的叠加实验。根据摄像机在装配场景中的姿态参数渲染虚拟信息,把信息叠加在视频图像中的一个齿轮油泵上,分别在油泵泵盖和泵体叠加了中文"泵盖"和"泵体"字样,如图 6.34 中的红色圆圈所示。虚拟文字信息准确叠加在真实零件的表面上,实现了零件信息的扩展,这种叠加技术可以用于车间零件的检测和识别应用上。图 6.35 所示的是虚拟模型的叠加实验,可以把模型叠加在模型的图像上,能真实反映零部件之间的装配关系。

图 6.34　虚拟信息的叠加

(a) 真实模型图片　　　　(b) 虚拟零件叠加视图1　　　　(c) 虚拟零件叠加视图2

图 6.35　虚拟模型的叠加

6.3　移动增强现实的交互方法与实现

6.3.1　基于触摸屏的交互

当前,随着可移动和穿戴式设备的普及,显示屏除了提供可视化的功能外,还要承担一部分的交互任务。基于触摸屏的交互输入是一种可以代替或补充常规输入(例如键盘和鼠标输入等)的新交互方式,已经在不同场合和领域得到了使用。触摸交互使得使用者可以通过屏幕接触方式对运算设备进行输入交互,使用者可以通过特定的手势组合来实现与计算机等设备的交互功能。尤其是新一代支持多点触摸交互的触摸屏的出现,使触摸屏的应用出现了新的变化,触摸屏可以为用户提供更多、更自然的交互方式。多点触摸技术的引入使得以触摸屏为代表的人机交互方式更加便利,但同时也带来了如何识别基于多点触摸双手交互手势的问题,多点触摸原理的不同也导致了识别双手手势方法的不同。

在实际应用中,触摸手势输入有很多独特的优势。首先,它更加符合人们日常的行为习惯,可以用日常的自然动作来操作计算机等设备,大大减少操作者的认知负担,降低学习操作的难度;其次,它不需通过鼠标精确定位菜单、按钮,通过触摸笔或手指画出相应手势就可以完成需要的操作,使人们可以轻松、高效地使用计算机等设备;最后,引入触摸手势,可以适当减少菜单、按钮的数量,提高屏幕空间的利用率,这一点对于嵌入式应用尤为重要。触摸手势技术的引入虽然使得以触摸屏为代表的人机交互方式更加直观、方便和自然,但与此同时也带来了如何对触摸手势进行学习和识别的问题。由于人工神经网络具有自学习、容错性、分类能力强和可并行处理等特点，可以不断挖掘出研究对象之间内在的因果关系，最终达到解决问题的目的，因而广泛应用于函数逼近、模式识别、优化控制、管理预测等诸多领域。从识别机理来看，神经网络也非常适用于分析触摸手势，因而利用人工神经网络方法来研究触摸手势识别是一个值得探索的方向。

本小节在分析触摸屏工作原理的基础上，首先提出了触摸手势分析和表示的方法；然后定义了一套实现人机自然交互的触摸手势，包括确认、取消、前进、后退、翻页、书写数字等，并利用 RBF 径向基神经网络进行触摸手势的在线训练和识别，为带触摸屏的设备提供了一个基于触摸手势的人机交互手段。

1. 触摸屏工作原理

触摸屏从技术原理的角度可分为 5 种：电阻式触摸屏、电容式触摸屏、红外线式触摸屏、表面声波式触摸屏和向量压力传感式触摸屏。电阻式触摸屏和电容式触摸屏以其较高的性价比得到了最广泛的应用。电阻式触摸屏和电容式触摸屏技术对比如表 6.5 所示。

表 6.5　电阻式触摸屏和电容式触摸屏技术对比

对比项	电阻式触摸屏	电容式触摸屏
多点触摸	不支持	支持
触摸方式	硬笔	手指
触摸压力	需要	不需要
精度	低	高
校准	需要	不需要
透明度	低	高
表面硬度	低	高
寿命	短	长
成本	低	高

1）电阻式触摸屏

根据引线的条数，电阻式触摸屏通常分为四线电阻式触摸屏和五线电阻式触摸屏。

（1）四线电阻式触摸屏　四线电阻式触摸屏的主体部分是一块与显示屏表

面贴合的多层复合薄膜。玻璃作为基层,在玻璃表面再涂一层透明的氧化铜(ITO)涂层,作为电阻层。电阻层水平方向上加有 5 V 到 0 V 的工作电压,从而形成了均匀连续的电压分布。在该电阻层上再加一层塑料软薄膜层,在其垂直方向上加上 5 V 到 0 V 的工作电压。在电阻层与塑料层之间有许多小于 0.001 in(1 in=2.54 cm)的透明隔离点使之绝缘。当手指接触触摸屏时,两层在触点位置被接通,控制器检测到接通后,进行 A/D 转换,即可得到触摸点的坐标。四线电阻式触摸屏设计比较简单,生产成本低。

(2)五线电阻式触摸屏   由于四线电阻式触摸屏外层电阻层受压非常频繁,容易造成破裂导致电压分布不均,从而无法准确获得触点坐标,人们发明了五线电阻式触摸屏,如图 6.36 所示。图 6.36 中,① 为玻璃层,②为电阻层,③ 为微绝缘子,④ 为导电膜。五线电阻式触摸屏只把外层电阻层用作导体层,作为五线中的一线。五线电阻式触摸屏即使有裂损,但只要不完全断裂,就不会影响触摸点坐标的计算,从而,五线电阻式触摸屏比四线电阻式触摸屏有更长的寿命。总而言之,四线电阻式触摸屏与五线电阻式触摸屏的工作环境与外界完全隔离,灰尘和水汽都无法进入。电阻式触摸屏可接收任何物体的触摸,比较适合工业控制领域和办公室环境。电阻式触摸屏共同的缺点是,使用者若用力不当或用锐器操作可能划伤触摸屏,导致触摸屏报废。

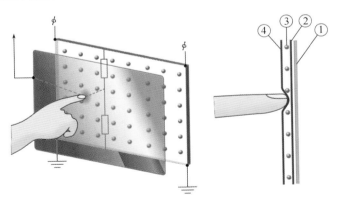

图 6.36   五线电阻式触摸屏

2)电容式触摸屏

电容式触摸屏由一个双向智能控制器和一个模拟感应器组成,其工作原理利用了人体的电流感应特性,如图 6.37 所示。模拟感应器是一片均匀涂布的

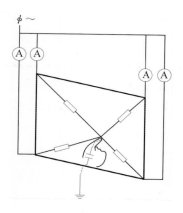

图 6.37 电容式触摸屏

ITO层面板,面板的四个角落各有一条出线与双向智能控制器相连接。为了能够侦测触碰点的准确位置,双向智能控制器必须先在模拟感应器上建立一个均匀分布的电场,这是通过内部驱动电路对面板充电实现的。手指触摸触摸屏会引发微量电流流动,此时感测电路会分别解析四条出线上的电流量,并根据计算公式将 X、Y 轴坐标值推算出来。

电容式触摸屏的缺点是反光比较严重,而且电容技术的四层复合触摸屏对各波长光的透光率不均匀,容易造成色彩失真。电容式触摸屏在有导体靠近时会引起误操作。电容式触摸屏的另一个缺点是当用户戴手套,或者手持不导电的物体对触摸屏进行操作时,触摸屏是没有反应的。

3)红外线式触摸屏

红外线式触摸屏的红外线发射器装在触摸屏外框上,配合接收感测元件即可实现对触摸的识别。在屏幕表面上,从 X、Y 轴两个方向发射红外线,形成红外线探测矩阵,任何触摸物体都会对两个方向上的红外线造成遮挡。该遮挡的位置信息分别被 X、Y 轴两方向上的接收感测元件识别,即可确定触摸点的坐标。由于红外线式触摸屏不受静电、电压和电流的干扰,所以其在某些恶劣的环境条件下也可以使用。其优点为价格低廉,安装方便,不需要控制器,可用在不同档次的计算机上。

4)表面声波式触摸屏

表面声波是一种机械波,沿介质表面传播。此类触摸屏由声波发生器、反射器和声波接收器组成。其中,声波发生器持续发送在屏幕表面传播的高频声波。当触摸发生时,该触摸点所在位置的声波被触摸阻拦,声波接收器无法接收到此点的表面声波,由此可确定触摸点的坐标。表面声波式触摸屏较为稳定,不容易受环境因素如温度、湿度等的影响,分辨率高,防刮性好,寿命长,适合公众场所使用。

5)向量压力传感式触摸屏

随着科技的发展及应用场景需求的增多,人们对上面四种技术的单点触摸屏进行改进,研发出了多点触摸屏。例如,表面电容触摸屏进化成了投射电容式触摸屏,从而支持了多点触控。投射电容式触摸屏主体仍然是电容感应,但相对表面电容式触摸屏,它采用了多层 ITO,从而具有矩阵式分布,可兼顾多点触控操作。投射电容式触摸屏主要有两种类型:自我电容式和交互电容式。

2. 手势的定义与功能设计

传统的基于鼠标点击的交互方式存在很多缺陷,例如学习成本高、交互方式机械化等。而基于触摸屏的滑动手势交互方式具有操作容易、节约显示空间、可减少误操作等优点,已然成为交互方式设计的一种趋势。当前主要有三个主流商用触控平台:苹果公司的运行在 iPhone 和 iPad 上的操作系统 iOS,微软的操作系统 Windows,谷歌的手机操作系统 Android。由于目前各平台上手势库还不统一,同一个手势在不同的操作系统中的名称和映射的任务不尽相同。有时同一个操作系统中的同一手势在不同的上下文交互背景中也会映射不同的任务。不同的操作系统有不同手势定义,以 Android 为例,在软件开发过程中,可以通过调用相应的事件方法来激活屏幕触碰的功能,获取屏幕触碰的位置和时间,从而触发相应的事件,对应的手势如表 6.6 所示。

表 6.6　Android 操作系统交互手势

手势名称	交互任务	对应的核心手势
Tap	打开应用	Tap
Double Tap	缩放网页内容	Double Tap
Drag	移动拖放对象	Drag
Fling	阅读中翻页	Flick
Pinch	缩小内容	Pinch
Touch and Hold	收起内容	Press

不管是基于什么技术实现的多点触摸屏,只要最终返回的是触摸点坐标,那么就可以脱离具体的多点触摸平台,设计一种具有普适性的手势识别算法。本节针对上述的核心手势,提出了 SDT 算法。该算法是一个基于多触点的触摸状态(state)、位移(displacement)和时间(time)进行两点触摸手势识别的算法。算法的思想是触摸屏检测到的是一组在时间、位移、触摸状态上变化的触点序列,触点按照一定的时间、位移、触摸状态组合成手势,即触摸手势是由触

摸点在时间、位移和触摸状态上的变化构成的。所以手势识别算法要从触点序列里提取满足时间、位移和触摸状态三个参数要求的触点集。

由于旋转和平移的手势在屏幕的滑动过程中具有很高的共性,操作方式很难被区分。因此,为了减少误操作,需要用功能菜单配合来进行区分。表 6.7 所示的是不同的手势功能的含义。

表 6.7　手势代表的含义

手势图示	菜单功能选择	含义
	平移	模型在 X 向移动
	平移	模型在 Y 向移动
	旋转	模型绕垂直于屏幕的轴旋转
	无	模型的缩放

其中对模型缩放功能手势使用了多点(两点)触摸的功能。在程序中基于手势交互的执行流程如图 6.38 所示。

图 6.38　基于手势交互的执行流程

首先在主类中覆写 onTouchEvent 方法,获取屏幕触碰事件;再将按钮选择的手势类型和触碰事件传递到渲染类中,在渲染类中判断触碰事件类型和手势类型;然后获取事件发生的位置变化;最后传递给三维虚拟模型,完成模型的控制,在虚实融合场景中反映出这种变化。

3. 基于触摸屏的交互

根据触摸点的个数将触摸手势分为单点触摸手势和多点触摸手势。这里将基于触摸屏多触点定位技术方案中的多点触摸手势定义为"双手在与触摸系统的交互过程中根据单个或多个手指在触摸系统表面的触摸状态、触点坐标或触点相对位移特征加以区分的有特定含义的触摸动作"[8]。这种多点触摸手势是一个平面二自由度的手势,是由一组在空间上检测到的触点和与之相关的一组时间参数组合而成的。

目前的单点触摸手势主要有 Tap、Double tap、Drag、Flick 定义的手势，多点触摸手势有 Pinch、Spread、Press、Press and tap、Rotate 和 Press and drag 等定义的手势，我们把这些手势称为核心手势，下文所提到的核心手势皆是指这些手势。表 6.8 所示的是这些手势的图示、名称和动作描述。

表 6.8　核心手势

手势	手势名称	动作描述
	Tap(点击)	手指短暂接触触摸屏
	Double tap（双击）	手指快速点击触摸屏两次
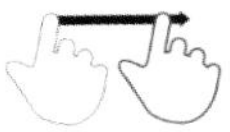	Drag(拖)	手指在触摸屏上拖动，期间保持接触
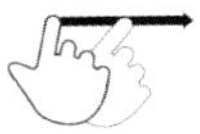	Flick(轻弹)	指尖快速划过触摸屏
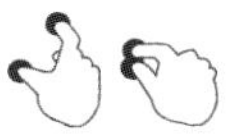	Pinch(收缩)	用两个手指接触屏幕，然后相互靠拢，期间手指一直接触
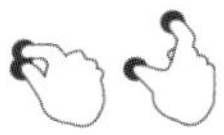	Spread(舒展)	用两个手指接触屏幕，然后分开，期间手指一直接触屏幕
	Press(压)	指尖按压屏幕
	Press and tap（压和点击）	一个手指按压，一个手指点击
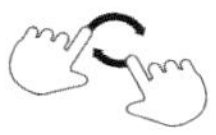	Rotate(旋转)	两个手指接触屏幕，然后按顺时针或逆时针旋转
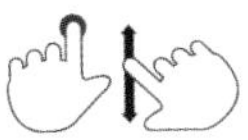	Press and drag（压和拖）	一个手指按压屏幕，另一个手指沿屏幕拖曳

在基于触摸屏的人机交互系统中,用户使用触摸手势和系统进行交互,通过对核心手势进行组合,形成一定的任务指令。系统接收用户输入的手势,对手势进行过滤和处理,转换成特定的交互指令,执行后将结果输出给用户,也就是说,每个手势都要映射一项任务。

如今,触摸屏已成为移动终端的重要组成部分,各种移动终端应用软件都基于单点或多点触碰简化用户的操作体验。本节研究也基于触摸屏的优势和特点,在 Android 操作系统下,研究基于触摸屏的交互方案设计,主要包含菜单、手势,以及按钮三方面的内容:① 点击屏幕菜单实现一些应用的常见功能和扩展功能,如更新、退出等;② 在手机屏幕上进行手势滑动,利用相应的函数接口获取对应的数据,从而实现虚拟模型的平移、旋转、缩放,以及添加和删除的功能;③ 点击按钮,控制装配流程操作步骤,对用户操作过程进行指导。

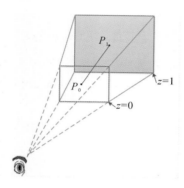

图 6.39　射线法拾取模型原理图

4. 移动增强现实中触摸式交互

在虚实融合场景中,需要对模型进行旋转、平移等操作,而场景中的模型往往会有很多。需要解决通过触摸屏幕实现快速准确选择定位模型的问题。

模型拾取,就是根据二维屏幕物理坐标坐标来选取三维空间中图元的操作。射线法拾取模型的原理如图 6.39 所示。其中 $z=0$ 处为视锥体近剪裁面,$z=1$ 处为远剪裁面。拾取射线就是由触摸位置在近剪裁面上的位置 P_0,以及在远剪裁面上的位置 P_1 组成的,P_0 为射线原点,射线由 P_0 发射指向 P_1,概括地说,就是二维平面的一个点映射到三维空间的射线。

射线拾取算法是判断由视点出发经屏幕坐标系统的射线是否与目标物体相交的算法。其实现方法如下。

（1）通过取得射线与远近两个剪裁面的交点来确定射线的位置及方向。

（2）判断射线与拾取目标是否存在交点。因为在射线上,任意一点上均可表示为单位向量（L）与模（len）的乘积,则交点表示为

$$P = P_0 + L \times \text{len} \tag{6.26}$$

又因为三角形内的任意点都可用 u、v 和其三个顶点坐标来确定,其中,$0<$

$u<1$、$0<v<1$、$0<u+v<1$。设三个顶点为 T_1、T_2、T_3,则有

$$P = T_1 + u \times (T_2 - T_1) + v \times (T_3 - T_1) \qquad (6.27)$$

由此可以得出

$$P_0 - T_1 = u \times (T_2 - T_1) + v(T_3 - T_1) - \mathbf{L} \times \text{len} \qquad (6.28)$$

从而有方程组

$$\begin{cases} P_0 \cdot x - T_1 \cdot x = u \times (T_2 \cdot x - T_1 \cdot x) + v(T_3 \cdot x - T_1 \cdot x) - \mathbf{L} \cdot x \times \text{len} \\ P_0 \cdot y - T_1 \cdot y = u \times (T_2 \cdot y - T_1 \cdot y) + v(T_3 \cdot y - T_1 \cdot y) - \mathbf{L} \cdot y \times \text{len} \\ P_0 \cdot z - T_1 \cdot z = u \times (T_2 \cdot z - T_1 \cdot z) + v(T_3 \cdot z - T_1 \cdot z) - \mathbf{L} \cdot z \times \text{len} \end{cases}$$

$$(6.29)$$

这是一个线性方程组,根据克拉姆法则,当满足条件:$0<u<1,0<v<1,\text{len}>0,0<u+v<1$ 和 $[-\mathbf{L} \quad T_2-T_1 \quad T_3-T_1]$ 不为零时,射线和三角形相交,如图 6.40 所示。

同样采用这种方式,可以判断触碰选中了哪个模型,即根据射线法可以判断选中的模型。

5. 触摸式交互案例

移动增强现实的一个典型应用是指导装配。为了模拟真实装配的过程,要对模型连续进行操控,包含对模型的选择、添加、删除、平移、旋转等。为了满足装配

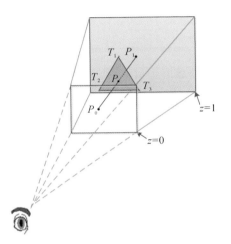

图 6.40 射线法拾取原理图

过程真实的效果,在增强现实装配过程中同样需要对模型进行类似的控制,同时为了满足在整体场景中模型大小的真实性,加入了对模型缩放的功能。

1)模型的添加

在装配过程中需要添加零件,因此在增强现实装配系统中设置了模型添加的功能。可以通过在 UI 界面上以列表的形式将模型库中的所有模型展示出来,用户可选择不同的模型放置在虚实融合的场景中。

2)模型的删除

在增强现实装配虚实融合场景中,可能会出现有的模型添加错误而需要删

除的情况,这时就需要用到模型删除的功能。在本系统中,可通过直接选中法选中模型,长按模型 2 s,弹出对话框,这时就可以删除该选中模型,如图 6.41所示。

(a) 选中模型长按　　　　　(b) 选择删除模型　　　　　(c) 成功删除模型

图 6.41　三维虚拟模型的删除

3)模型的平移、旋转和缩放

在增强现实装配系统添加模型之后,模型的大小和位置可能不正确,在使用过程中不可能通过代码修改来纠正,因此为了更好地满足用户体验,设置了对三维虚拟模型平移、旋转和缩放的控制功能,如图 6.42 所示。

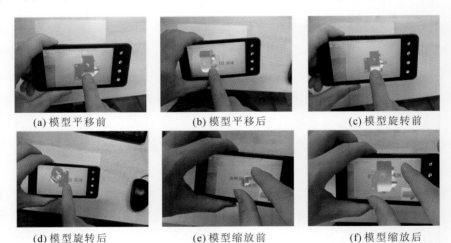

(a) 模型平移前　　　　　(b) 模型平移后　　　　　(c) 模型旋转前

(d) 模型旋转后　　　　　(e) 模型缩放前　　　　　(f) 模型缩放后

图 6.42　模型的平移、旋转和缩放

4)基于按钮的交互

基于按钮的交互方式使用按钮控制整个装配过程的步骤。采用这种方式只需设置一个标识,如图 6.43(a)所示。当完成一个装配步骤时,点击按钮即可进行下一步安装,如图 6.43(b)、(c)、(d)所示。采用基于按钮的交互方式有两方面的好处:① 这种交互方式逻辑简单,操作方便;② 只需要一个标识,算法简单,执行效率高。但是这种方式也有沉浸感弱的缺点。

(a) 交互标识　　　　(b) 交互场景1　　　　(c) 交互场景2　　　　(d) 交互场景3

图 6.43　基于按钮的交互设计

6.3.2　移动增强现实中的视觉式交互

经过改进的手臂键盘和数据手套等的可操作性和便携性已有大幅度的提升,但仍然没有摆脱传统交互装置本身存在的局限性,如以某个输入工具为中心和交互方式不自然等。因此研究人员开始致力于研究更自然、更智能的交互技术。基于视觉的交互和感知技术提供了一种很有发展潜力的研究方向。该技术利用内嵌于移动终端的摄像机等视觉传感设备,实时获取用户所在的场景信息,计算机可随时随地理解用户行为及其周围环境,通过视觉处理技术解析用户的交互意图,并向系统发出执行指令,实现自然的交互和感知。基于视觉的交互和感知技术涉及移动计算、计算机视觉、计算机图形处理,模式识别和认知心理学等多个学科的知识,具有重要的理论研究意义。该技术在军事、工业、医疗、教育、抢险与救灾等领域有着极其广泛的应用。

移动计算环境也为视觉交互领域带来新的研究内容和挑战,如摄像机抖动、视角和光照变化、复杂背景等因素都会对视觉交互和感知产生很大的影响。人的介入是移动视觉的典型特点,也是移动视觉与桌面视觉、机器人视觉的主要区别。使用者可以直接介入计算机的视觉交互过程,并通过人的配合实现准确高效的交互操作。基于移动视觉的交互和感知技术不仅具有重要的理论研究意义和应用价值,而且将极大推动人机交互方式的发展和变革。

1. 视觉式交互的概念和研究现状

基于视觉的交互领域存在许多困难和挑战,如复杂背景和光照变化的影响、人手快速运动产生的场景物体增加与减少、手指之间的相互遮挡等,这些都使得鲁棒性精确的图像分割和特征提取成为难点。为降低视觉处理的复杂性,有时候使用带有特殊标记的手套等来辅助获取手的位置、方向等信息。这些辅助设备可以在很大程度上提高算法的鲁棒性,但也给使用者带来了不方便。常用的方法是利用手部的自然信息如肤色、形状等进行特征提取,从而可开发出许多基于手势的交互系统。如通过投影仪将图像投射到墙面或桌面,利用摄像头捕捉人手在投影平面上的运动和姿势,从而实现了手指绘图或点击按钮等交互操作。

基于视觉的手指屏幕交互方法使用单个摄像头进行实时场景图像采集,通过图像处理算法检测手指在场景上的移动和点击动作,完成与计算机的人机交互。这种新的交互方式有广泛的应用前景,如在装配操作、机构展示、手术规划等方面都可以得到很好的应用。

基于视觉的手指屏幕交互系统由一台移动终端和内嵌的单个普通摄像机组成,摄像机拍摄包含完整显示器屏幕的视频图像,这种系统配置可以有效解决多个摄像机的配置和数据融合的难题,以降低视觉处理的困难性,使该交互系统的鲁棒实现成为可能。系统在移动设备的屏幕上显示图形交互界面,通过指尖在屏幕上的移动和点击来完成与计算机的直接交互。

2. 基于移动视觉的交互框架

按照分层的思想对移动视觉的交互系统进行建模和描述,将其体系架构依次划分为五个层次:用户层、输入输出层、处理层、接口层和应用层,如图 6.44 所示。用户层包括用户和环境两部分,是所有交互信息的来源,其中,用户提供主要的输入信息,同时环境中也蕴涵着丰富的可能影响交互的上下文线索。输入输出层主要负责信息的输入和输出任务,由移动终端摄像机和显示器组成。摄像机实时获取交互场景的灰度图,显示器负责交互反馈结果的可视化输出。应用层主要由各种不同的交互应用程序组成。接口层定义处理层和应用层之间的接口标准,在提供相互通信机制的基础上将两层隔离,使架构具备更好的扩展性和可重构性。处理层是整个架构的核心,由视觉处理单元和输出管理单元组成,负责对输入的图像信息进行分析处理,对输出信息进行管理控制。视觉处理单元利用视觉处理算法跟踪指示手势,结合虚拟触摸板检测"触碰"事件,最后将手势的参数整合为计算机可执行的手势指令,经接口层转化为具体的交互指令。视听觉整合单元综合分析这些通道传递的参数数据,并将整合后的综合指令提交给应用层执行。

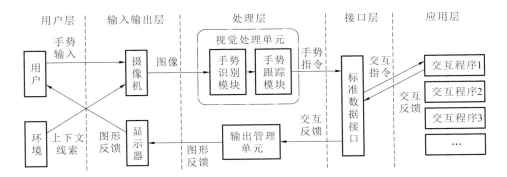

图 6.44 视觉交互框架

1) 硬件配置

移动视觉交互系统的硬件配置包括移动终端、摄像机和显示器。摄像机获取场景的深度序列,并将其实时传输到移动终端。移动终端计算模块是整个系统的中央控制机构和核心处理单元,对系统的各个部分进行统一管理和协调控制。全部的视觉处理算法、交互界面控制程序和外层应用程序都需要在移动终端内完成。交互的反馈结果通过显示器以直观的方式呈现给使用者。

2) 软件组成

交互系统采用层次化的组织方式来建立软件体系结构。将系统划分为三个大的模块:算法处理层、应用编程接口层和外围应用程序层。每一层通常可以看成是一个利用下层的支持为它的上层提供服务的虚拟机。这种分层的机制可以把应用系统划分为功能相对独立的模块,实现系统的高内聚和低耦合。同时,还可以增强系统的可重构性,不同的应用程序可以通过简单的编程接口加入到系统中,各层的模块也可以根据需要进行动态的更换。

算法处理层位于整个软件体系的底层,主要由视觉处理算法组成。应用编程接口层位于外围应用程序层和视觉处理层之间,用户定义应用程序和算法之间的接口标准,如应用程序通过什么方式调用所需要的处理算法,处理结果将以什么方式传递给应用程序等。设计自然友好的人机交互界面和实用有趣的交互程序是应用程序层的主要研究目标,如实现基于指示手势点击的菜单操作、手写输入和物体标注等。应用程序通过标准的编程接口获取来自算法处理层的交互参数,根据用户的交互意图执行相应的任务并将反馈结果以直观的形式显示给操作者。

3. 基于虚拟触觉平面的交互

基于视觉的人机交互提供了一种自然的交互方式,但如何判断人的当前手势是随意行为还是交互行为仍然是一个尚未得到很好解决的关键问题。受触屏设计思想的启发,提出一种虚拟触摸板交互技术,它有效提高了基于视觉的手势交互行为的自然性,并可通过检测手势是否接触到虚拟触摸模板来区分交互行为和随意行为。基于虚拟触摸模板的手势交互操作包括:指尖点击触摸模板模拟鼠标的点击事件;指尖在触摸模板上选取操作目标,对操作目标物体进行操作。以目标选取为例,基于虚拟触摸模板的交互概括为如下步骤:① 将指示手势移动到摄像机的拍摄范围内;② 移动指示手势选取操作目标按钮;③ 将指示手势移离虚拟触摸模板,结束选取。

视觉处理算法负责图像采样、图像预处理、特征提取、跟踪识别等视觉计算任务。视频采样传输组件主要负责调用视频采样设备按照系统的要求采样指定格式的图像序列。图像预处理的任务主要是对采样的图像进行亮度均一化、噪声去除等简单处理,为下一步的图像处理提供高质量的数据源。特征提取负责从图像中提取多个通道的有用特征:① 深度特征单元主要利用稠密深度信息进行阈值分割等操作,实现手势的分割;② LBP 特征单元主要提取目标区域的LBP 直方图特征;③ 轮廓特征单元通过 Canny 滤波提取图像中的所有边缘信息。跟踪算法模块对获取的特征进行分析、匹配和跟踪等处理,将计算得到的手势参数提供给应用层,完成人机交互。

在虚拟触摸模板上,一般需要设置一个类似光标的可移动的指针。传统的交互方式通过鼠标或者键盘等外设移动这个指针,当用户把指针指向虚拟触摸模板上某一点或者某一个物体时,该点或者该物体将被当作被操作对象,相应的交互动作就被激活,实现对场景或相关物体的交互操作。

交互将采用基于标识遮挡的方法来实现。即在虚拟触摸模板上设置一些交互按钮,当这些按钮在摄像机的视域范围内时,对交互按钮的可见性进行判断,某一个按钮被遮挡,则执行按钮关联的交互动作。

常用的基于二维模板的交互方式可以归为两大类:基于指针的交互和基于操作目标的交互。前者对在模板上移动的指针进行跟踪,如果指针点击和指针下面有被操作目标,则立刻启动相应的交互动作。这种方式一般用传统的交互界面,在早期鼠标、键盘交互阶段一般采用这种方法。

而在移动增强现实阶段,对指针进行持续跟踪的方法就没有必要了。为了挖掘增强现实的虚实融合的特点和优势,需要更加直观和自然的交互方法。为此,需要改变一些不利于移动操作的交互方式。由于手指的指示可以代替指针,因此把手势这种最自然的交互方式加到增强现实的应用中。采用基于操作目标的方法只需判断哪些物体需要被操作,适于手势交互。由于交互点和被操作的目标的位姿可以预先计算,因此,不需要像基于指针的交互方法,时时刻刻跟踪指针位置,而只需要判断某个操作点,或者某一个物体是否被选中,再判断相应的操作动作,即可进行交互。

1) 按钮是否在摄像机视域范围内的判断

操作按钮的不可见是触发交互动作的关键,而按钮不在摄像机视域范围内或者受遮挡产生不可见,视觉效果是一样的。为了进行基于按钮遮挡的交互操作,首先要对按钮是否在摄像机的视域范围内进行判断。如果按钮不在摄像机的视域内,则交互动作不应该启动。只有按钮在摄像机的视域范围内,同时显示屏幕也展示把虚拟模型精确叠加在真实场景上时,对虚拟模型的交互才继续进行。

判断交互是否在摄像机视域范围内,可采用两种方法进行分析。

一种方法是基于模板的匹配方法,预先训练好一个参考模板 I^{tem} 作为被跟踪的目标。在这种二维模型跟踪方法中,被跟踪的目标可以由一些自然特征点的描述算子表达。这些描述算子用直方图或者一些描述向量表示。对于由摄像机获取的视频序列帧 $I_0, I_1, \cdots, I_n$,可找到某一帧 I_i,使之与参考模板 I^{tem} 匹配,并进行跟踪。在这种情况下,跟踪的目的是获取当前帧和模板图像的位置转换关系。这种方法对光照变化以及遮挡都有很好的抗噪声干扰能力。

为了获取当前摄像机的姿态,当前帧和模板图像的转换关系要不断进行估算和更新。实际上,要参考模板与输入帧完全匹配是不太现实的。参考模板图像 I^{tem} 与序列帧 $I_0, I_1, \cdots, I_n$ 的匹配程度,可以模板图像和序列帧的偏移值 p 来衡量。为了找到一个最相似的帧,把跟踪问题变为相似度问题,该问题可以表述为

$$\hat{p}_n = \arg \min_p (f(I^{tem}, w(I_n, p))) \qquad (6.30)$$

式中:$w(\cdot)$——对当前帧进行的变形转换,可以把当前帧的坐标系统上的点转换到参考模板坐标系统上。

式(6.30)通过求解最小偏移的 $\hat{p}_n$ 来找到和模板图像 I^{tem} 最相似的当前帧 I_t。为了提高跟踪的准确性,一个很重要的选择是在约束里引入配准函数。Baker 等[12]通过比较当前帧变化后的灰度值与模板图像的差异来找到跟踪目

标。其约束为

$$\hat{p}_t = \arg\min_p \sum_{x \in \text{ROI}} (I^*(x) - I_t w(I_t, p))^2 \tag{6.31}$$

式中：x——参考模板兴趣区域中所有的纹理特征点。

$\hat{p}_t$ 的求解比较复杂，可以用迭代优化来进行。如果在摄像机获取的视频中找到与参考模板相匹配的视频帧，则认为所有的交互按钮都在摄像机视域之内，继续对参考模板进行跟踪，系统进行虚拟模型的叠加和渲染，为进一步交互做准备。

另一种判断交互按钮是否在摄像机视域范围内的方法是对已有的交互按钮进行投影关系计算。在设计交互触摸模板时，所有的交互按钮之间的位置关系是已知的。由于经过初始化以及对模板的匹配和跟踪，摄像机相对于参考模板的姿态是已知的。如果知道某一个交互的按钮的位置，则通过摄像机相对于参考模板的投影矩阵，可以计算其他交互按钮是否在摄像机的视域范围内。如图 6.45 所示，根据摄像机和虚拟触摸模板的投影关系和图像帧中红色按钮的位置可以计算橙色按钮的位置。由于橙色按钮不在摄像机视域范围内，对该按钮的遮挡交互不产生任何作用。

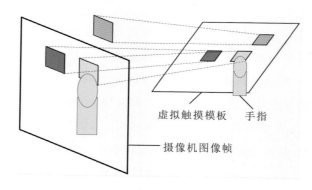

图 6.45　按钮投影关系

2）按钮遮挡判断

对操作按钮的遮挡判断可以采用模板识别方式来实现，即预先给定已知标识的标准模板，当获得某一图像的时候，判别图像与标准模板中的哪一个最接近，即认为该图像与最接近的模板的图像一致。这里涉及两方面的内容：一是图像的校正，二是模板的匹配。

采样图像的摄像机在采样图像的时候处于随机的位置，即摄像机和图像不一定是正对着的,所以采样到的图像也是不规则的。标识的外轮廓会发生一定的变形,这些变形包括平移、旋转、缩放等。为了用事先制作的模板和图像进行匹配,进而识别标识的 ID 号,需要对图像进行几何变换,将图像转正。然后通过第 2 章介绍的模板匹配和跟踪方法进行处理,求解按钮被遮挡的问题。

4.基于视觉的交互变色案例

如图 6.46 所示为基于视觉的交互变色案例。图 6.46(a)所示的虚拟交互平面上的原始模板有一些交互按钮,如图中的"蓝色"按钮和"橙色"按钮。增强现实应用软件打开后,手机摄像头对准该模板,一个虚拟的飞机模型出现在原始交互模板上,如图 6.46(b)所示。当原始模板的某一个按钮如"橙色"按钮或"蓝色"按钮被手指选中时,虚拟飞机模型就根据交互要求反馈出对应的颜色,如图 6.46(c)和(d)所示。

(a) 交互模板   (b) 飞机变红色

(c) 飞机变橙色   (d) 飞机变蓝色

图 6.46　基于视觉的交互变色案例

如图 6.47 所示的为一个基于视觉的交互应用。图 6.47(a)所示的为虚拟触摸模板。当增强现实的摄像机的视域范围内出现这个触摸模板时,一台虚拟车床叠加在该模板上。模板右上角为三个轴向(X 轴方向、Y 轴方向和 Z 轴方向)的选择按钮,在应用过程中,当某一个轴向按钮被遮挡时,虚拟车床的相应轴可以进行操作。通过对右下角的旋转按钮进行遮挡,可以控制虚拟车床的相应轴的轴向移动,通过遮挡顺时针和逆时针按钮改变移动方向。如图 6.47(b)所示,在虚拟车床交互模板上,先选中 Z 轴,锁定车床 Z 轴,然后选中模板右下的旋转按钮,控制刀具朝上移动,反方向可以通过手势控制刀具朝下移动;图 6.47(c)所示的为选中 Y 轴后让刀具朝右移动,而图 6.47(d)所示的为选中 X 轴后,刀具朝前移动。

(a) 虚拟车床交互模板　　　　(b) 选择Z轴,让刀具沿着Z轴朝上移动

(c) 选择Y轴,让刀具沿着Y轴朝右移动　　(d) 选择X轴,让刀具沿着X轴朝前移动

图 6.47　基于视觉的车床操控案例

参 考 文 献

[1] HARTLEY. R I, ZISSERMAN A. Multiple view geometry in computer vision [M]. Cambridge:Cambridge University Press,2004.

[2] HARTLEY R. In defense of the eight-point algorithm [J]. IEEE Transactions on Pattern Analysis and Machine Intelligence,1997,19(6): 580-593.

[3] STEWENIUS H, ENGELS C, NISTERÉI D. Recent developments on

direct relative orientation［J］. ISPRS Journal of Photogrammetry and Remote Sensing,2006,60(4):284-294.

［4］RUSU R B,COUSINS S. 3D is here:Point cloud library(pcl)［DB/OL］. ［2018-12-04］. http://www. cs. utexas. edu/～jsinapov/teaching/cs378/ readings/W10/pcl_icra2011. pdf.

［5］马颂德,张正友. 计算机视觉:计算理论与算法基础［M］. 北京:科学出版 社,1998.

［6］BOUGUET J Y. Pyramidal implementation of the affine lucas kanade feature tracker description of the algorithm ［R］. California:Intel Corporation,2011.

［7］FISCHLER M A,BOLLES R C. Random sample consensus:a paradigm for model fitting with applications to image analysis and automated cartography［J］. Communications of the ACM,1981,24(6):381-395.

［8］ MUR-ARTAL R,TARDÓS JUAN D. ORB-SLAM2:An open-source SLAM system for monocular, stereo and RGB-D cameras［J］. IEEE Transcactions on Robotics,2017,33(5):1255-1262.

［9］ RUBLEE E,RABAUD V,KONOLIGE K, et al. ORB:An efficient alternative to SIFT or SURF ［J］. International Conference on Computer Vision,2012,58(1):2564-2571.

［10］LAFFERTY J,MCCALLUM A,PEREIRA F. Conditional random fields: Probabilistic models for segmenting and labeling sequence data ［DB/OL］. ［2018-12-04］. https://wenku. baidu. com/view/fff5a66cb84ae45c3b358ce0. html.

［11］张国华,衡祥安,凌云翔,等. 基于多点触摸的交互手势分析与设计［J］. 计 算机应用研究,2010,27(5):1737-1740.

［12］ BAKER S,MATTHEWS I. Equivalence and efficiency of image alignment algorithms ［DB/OL］. ［2018-12-04］. https://www. ri. cmu. edu/pub_files/pub3/baker_simon_2001_2/baker_simon_2001_2. pdf.

第 7 章
增强现实人机交互应用系统开发

7.1　基于移动端的油泵拆装训练系统的设计与实现

7.1.1　案例的背景与意义

传统的装配规划方法通常采用人工方式来制定工艺流程,工艺人员根据设计图纸和技术文档,分析装配图中的几何形状和位置关系后再确定正确的装配方法和流程。遇到较为复杂结构时,为了明确设计者的意图还需要与设计者进行沟通。这种传统的装配规划方法存在两个明显缺点:首先,这种装配通常是在所有零件生产完成后进行的,如果产品的设计存在缺陷,则要重新设计和生产,这样不仅会延长产品的生产周期,还可能导致在市场竞争中丧失先机;其次,对没有产品装配经验的用户而言,只能通过二维的文字和图示说明进行产品装配,大大增加了装配难度。增强装配的规划性、操作的直观性和交互体验效果,用三维的可视化表示方法代替二维平面图示,实现真正意义上的"所见即所得"的装配效果,是虚拟装配技术要实现的目标。

虚拟装配是指通过计算机对产品装配过程和结果进行分析和仿真,评价和预测产品模型,从而做出与产品装配相关的工程决策。虚拟装配技术可以使用户沉浸于虚拟的装配环境中与试验对象进行交互。与传统的装配方式相比,虚拟装配技术不仅缩短了产品生产周期,降低了产品生产成本,而且降低了对工程人员的装配技能要求。但是虚拟装配技术同样存在两个劣势:一是虚拟装配对产品前期的设计、装配和验证有重要作用,但是对后期实际装配过程帮助不大;二是由于需要构建完整的虚拟环境,因此比较依赖于外设,需要消耗大量的计算机资源,而且在交互方面缺少直观的感受。

移动增强现实技术的出现为解决上述问题提供了新的思路与途径,相对于虚拟现实技术,其优点如下。

(1) 内嵌的摄像机和不断增强的计算能力是增强现实应用的各种融合和交互计算运行的必要条件,便携式的移动设备可以满足用户随时随地查阅装配操作的三维可视化需求。

(2) 以三维方式表达复杂机械零部件(如油泵、工具、装配基座等)相互间的空间位置关系,能真实地模拟出机械零部件的装配细节。

(3) 能够提供一组基于移动端的交互操作手段,以便在触摸屏的环境下进行选取对象、移动对象和旋转对象操作等。

本实例以一个齿轮油泵作为注册目标和操作对象,制作一个让使用者能够直观、自然、高效地进行齿轮油泵装配操作的移动增强现实应用系统。下面将分几个部分对该系统的设计方案、算法基础,以及实现过程等方面进行详细阐述。

7.1.2 系统的设计方案

1. 功能需求分析

对于移动端的油泵拆装训练系统而言,最基本的功能要求有以下三点。

(1) 虚实融合:向用户提供一个实现装配操作的具有真实零部件和虚拟模型的增强现实装配环境。

(2) 交互功能:能够拾取模型库内的虚拟零部件模型,能通过平移、旋转等方式将虚拟零部件模型放置到真实的泵体或者相应的装配位置中进行安装。

(3) 装配工序的三维展示:对装配工序进行读取、修改与实现三维可视化。

2. 系统架构与开发工具

机械装配一般要求零件以正确的顺序、正确的装配位置、正确的装配方向和合适的装配角度完成一系列的装配工作,所以基于移动端的油泵拆装训练系统的主要功能如下:

(1) 用户接口交互操作功能;

(2) 装配过程中,虚拟零件之间的碰撞检测,以及虚拟零件与真实零件之间的碰撞检测功能;

(3) 自动装配引导功能,为操作员演示装配规范;

（4）手动装配引导功能，操作员根据装配引导提示，经过虚拟零件的拾取、平移、旋转和深度平移等操作，完成虚拟零件的装配工作。

本移动增强装配系统数据流框图及主要模块划分如图7.1所示。其中摄像机标定、场景模板库建立以及虚拟模型库建立为离线部分，模型注册、模型渲染、遮挡处理及融合显示等为在线部分。

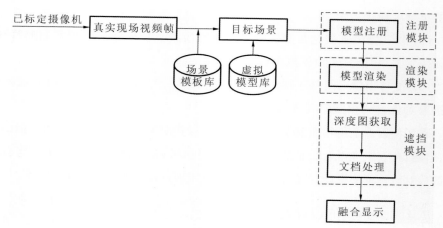

图7.1 装配系统数据流框图

本移动增强装配系统整体工作流程图如图7.2所示。

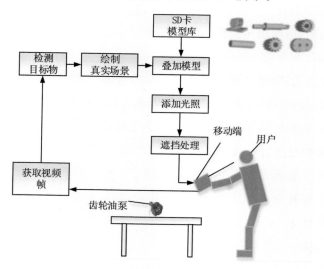

图7.2 系统工作流程图

系统工作流程如下：① 在线下对摄像机进行标定，求取其内参矩阵，可参考2.2.2小节；② 建立场景模板库，用于在线识别匹配；③ 建立虚拟模型库，当需要进行虚拟模型注册时则访问该模型库;④ 系统运行,摄像机捕获真实场景视频帧,将视频帧与场景模板库进行匹配,当匹配达到所设定阈值时,找到目标场景;⑤ 访问虚拟模型库,提取需要注册的虚拟模型;⑥ 进入注册模块实现虚拟模型注册,然后通过渲染模块对模型进行渲染,再对真实场景与虚拟场景进行深度图获取,逐像素点对比两个深度图,进行遮挡处理,在移动端实时融合显示。

下面介绍关键模块。

注册模块:注册模块主要实现基于自然特征点的移动增强现实注册算法。首先对摄像机视频帧进行分析,提取对应的特征点及计算描述向量;再与场景模型库进行匹配,获取单应性矩阵;最后通过 PNP 算法求取摄像机的外参数,如果检测到场景模型库中的模型场景,就从模型库中读取虚拟模型。

渲染模块:访问存储在 SD 卡的模型库,首先采用 Java 语言对 OBJ 格式模型在移动端进行解析,对于解析到移动端的模型通过 OpenGL ES 进行光照管理并完成渲染。

遮挡模块:使用基于模型重建的方法,通过 Unity 三维渲染引擎获取真实场景及虚拟场景的深度图。逐像素点对比深度图,通过深度图的深度值判断正确的几何关系,并实现正确的遮挡关系。

3. 基于模型重建的遮挡处理

常用的虚实遮挡方法有三种,分别为基于深度计算的遮挡方法、基于模型重建的遮挡方法和前后关系不变的遮挡方法。三种方法各有优点和局限性:基于深度计算的遮挡方法适用范围较广,但是计算能力要求较高,难以满足实时性的需求;基于模型重建的遮挡方法可以大大降低计算量,但是需要对被遮挡的对象构建一个虚拟替身,因此其适用范围受限,适用于简单的模型,难以满足大场景和复杂模型需要;前后关系不变的遮挡方法则不需要实时获取场景深度值,亦不需要对物体进行三维建模,但是仅适用于虚实场景前后关系一致的情况,因此使用范围也有限。本节采用的油泵模型不是很复杂,但系统有一定的实时性的要求,因此选择基于模型重建的遮挡方法进行虚实融合。

1)虚拟遮挡

基于模型重建的遮挡方法和基于深度计算的方法的共同点都是由深度值来判定相应的位置关系,只是前者无须实时检测计算深度,计算量小了很多,但在遮挡处理之前需要获取真实场景深度图和虚拟场景深度图。

所谓深度图又称为深度缓冲，或 Z buffer，在进行三维模型绘制时不仅需要有一个帧缓冲区（frame buffer）用于存储绘制数据，此外还有一个区域用于存储帧缓冲区上每个像素点距观察点的距离，也就是 z 值。OpenGL ES 引擎具有一个特殊的缓冲区，用于记录屏幕上每一个片段的深度。

　　融合场景的绘制渲染过程如图 7.3 所示。其中 z 为像素点的最终深度值，z_{mi} 为场景像素初始深度值，初始化为无穷大，$z_{n1}, z_{n2}, \cdots, z_{mi}$ 分别代表在场景绘制时不同像素点的深度值。以场景绘制第一个像素点为例，如果 $z_{n1} > z$ 则表明该像素点的深度值大于缓冲区的 z 值，也就是说，该点相对观察点来说位于目前帧缓冲区中的像素点后方，应该被遮挡住，则该点不需要被绘制渲染，此时的 z 值亦不需要更新；如果 $z_{n1} \leqslant z$，则表明该像素点的深度值小于或等于缓冲区的 z 值，也就是说，该点相对观察者来说位于目前帧缓冲区中的像素点前方，应该被观察者看到，因此该点需要被渲染出来，同时更新缓冲区的 z 值，令 $z = z_{mi}$。如此重复，直至场景中的所有像素点被绘制，也就完成了最终的虚实遮挡的效果。

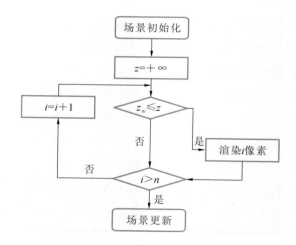

图 7.3　融合场景的绘制渲染过程

　　因此，判断模型是否将要被渲染主要就是进行 z 值大小比较。其中 z 值包括两种，一种为真实场景的 z 值，另外一种为虚拟场景的 z 值。我们将真实场景 z 值组成的数据集称为真实场景深度图，而虚拟场景 z 值组成的数据集称为虚拟场景深度图。最终将虚实遮挡的问题简化为真实场景深度图与虚拟场景深度图进行逐点对比的问题。基于模型重建的遮挡方法并非对真实场景进行完全重建,而是只对会与虚拟场景发生遮挡关系的目标进行重建。真实场景背景区(需要识别的目标物除外)都处于默认叠加状态,系统也只需要对目标物建立深度图,这样不仅可以有效减少系统计算量,而且可以防止背景的误遮挡。

2)场景深度图获取

为了获取场景的深度值,首先需要获取场景深度图。场景深度图包括虚拟场景深度图及真实场景深度图。

虚拟场景深度图是存储了虚拟模型表面经栅格化后对应像素深度值的数据集。虚拟场景深度图可以由专业渲染引擎采样,本小节使用 OpenGL ES 渲染引擎进行深度图的提取。将 OpenGL ES 引擎的深度缓冲区打开,OpenGL ES 引擎会为每一个片段执行深度测试,同时可以获取虚拟场景深度图。虚拟场景深度图包含了虚拟场景所有像素点的深度值。

鉴于本实验模型场景不大,模型也不复杂,因此选用基于模型重建的深度图获取方法。所谓基于模型重建的深度图获取方法是指通过对真实场景进行三维建模,然后求解真实场景的三维模型的深度信息的方法。

以摄像机获取真实场景,然后将真实场景的三维模型,也就是虚拟替身注册到视频帧中。虚拟替身与真实场景要实现三维融合,在融合场景中,二者具有相同的深度图。因此,提取虚拟替身深度值就可获取真实场景的深度图。而虚拟替身深度图可以通过 OpenGL ES 引擎采样。以齿轮油泵为例,虚拟替身与真实场景融合的效果如图 7.4 所示,我们从不同的两个角度描述虚拟替身与真实油泵的融合。其中蓝色卧式油泵为真实场景,白色虚拟模型为卧式油泵的虚拟替身。其中图 7.4 右列所示的为虚拟替身与真实场景融合的效果图。

(a)角度 I

(b)角度 II

图 7.4 虚拟替身与真实场景融合的效果

假定真实场景有一点 $P_w(x_w,y_w,z_w)$,该点映射到成像平面的像素点坐标为 $P_c(u_r,v_r)$。真实场景的虚拟替身存在相对应的点 $P^*(x^*,y^*,z^*)$,该点映射到成像平面并栅格化后的像素点为 $P_c^*(u^*,v^*)$。当真实场景的点 P_w 与其替身的点 P^* 重叠,即 $P_w=P^*$ 时,它们在成像平面的像素点坐标也是相等的,即 $P_c=P_c^*$,那么二者的深度值也是一致,Z buffer 当然也是一致的。由此,真实场景的深度图便可采样。

至此,我们已经成功获取了虚拟场景的深度图和真实场景的深度图。接下来便可以对真实模型像素点的 z 值与需要被遮挡虚拟模型的 z 值进行比较,通过 z 值的大小来判断正确的遮挡关系。

获取虚实模型深度值后,我们进行虚实融合处理,虚实融合算法流程如图 7.5 所示。其中逐点比较时假定虚拟场景深度值为 z_v,真实场景深度值为 z_r。与传统的方法相比,多了比较 z 值的环节。

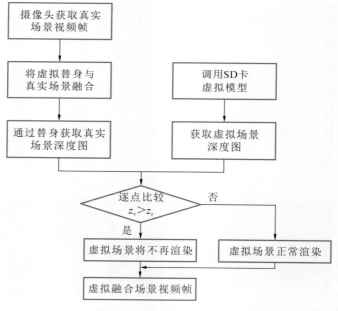

图 7.5　虚实融合算法流程

3）虚拟替身的消隐

通过虚拟替身可获取真实泵体的深度图,而最终的遮挡融合效果需要将虚拟替身加以消隐,实现虚拟模型与真实泵体的直接融合显示。

根据渲染知识,模型的渲染结果其实是 RGBA 通道的合成效果。因此,关闭相关通道便可以将模型进行透明化处理。而着色器可以对模型进行通道的开关,从而达到虚拟替身消隐的目的。如图 7.6(a)所示的为三通道合成的原始重叠效果,以及关闭 R 通道、关闭 G 通道、关闭 B 通道、关闭 RGB 通道、关闭 RGBA 通道的效果分别如图 7.6(b)～(f)所示,关闭通道后即完成虚拟替身的消隐。

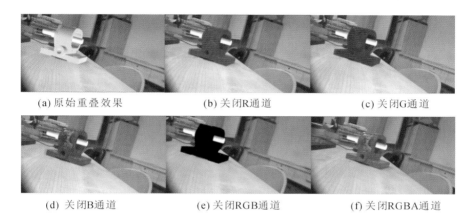

(a) 原始重叠效果　　　　(b) 关闭R通道　　　　(c) 关闭G通道

(d) 关闭B通道　　　　(e) 关闭RGB通道　　　　(f) 关闭RGBA通道

图 7.6　虚拟替身消隐

4）遮挡处理实现

在融合场景中将真实深度图与虚拟场景图的 z 值进行逐点比较,来确定是否进行虚拟模型渲染。场景绘制完成后将虚拟替身通过着色器技术进行透明渲染,最终实现虚拟遮挡的效果。本小节实验以卧式油泵的主动轴为对象,进行虚实融合处理。为了便于描述遮挡过程,将轴分为 A、B、C 三段。其中图 7.7 所示的为真实装配过程,图 7.8 所示的为具有正确遮挡关系的装配过程。试验效果表明,在虚拟主动轴穿过真实场景(卧式油泵)时,观察者可以看到相应部位被真实场景遮挡,实现了虚实遮挡的模拟效果。

(a)A段被遮挡　　　　(b)B段被遮挡　　　　(c)C段被遮挡

图 7.7　真实装配

| (a) A段被遮挡 | (b) B段被遮挡 | (c) C段被遮挡 |

图 7.8　具有正确遮挡关系的装配

7.1.3　算法原理

1. 装配目标的识别

若已知同一物体经过不同角度扫描或者由不同的生成方法得到的带有任意不同初始姿势的两个三维可视化表示数据 P 和 Q，则识别问题可以转换成配准问题，该问题要求寻找一个最佳的变换，包括旋转、平移和缩放，使得两个表示数据重合在一起，其差异应该小于一定的阈值。

如果从 P 和 Q 中选取不同的基集，计算相应的刚性变换，那么一对分别含有三个描述向量的集合，一个在 P 上，另一个在 Q 上，就足够唯一定义一个刚性变换了，由式（7.1）描述：

$$\text{Corr} = \{c_1, c_2, \cdots, c_n \mid c_n = (p_{p,i}, p_{q,i}) \wedge n \geqslant 3\}, p_{p,i} \in P, p_{q,i} \in Q$$

$$(7.1)$$

要计算从表示数据 P 中的描述向量转换到三维可视化表示数据 Q 中的描述向量对应的刚体变换关系，即

$$\forall i = \{1, \cdots, n\} \quad p_{q,i} = \text{rot}_{P \to Q}(p_{p,i}) + \text{tran}_{P \to Q} + \text{noise} \qquad (7.2)$$

由于三维可视化表示数据的描述向量很多，按照穷尽搜索的方法来找到这些描述向量对应显然不太可能。为此，很多研究者对参与配准的三维可视化表示数据进行分析，希望能找一种通用的描述方法，能够在相似的三维可视化表示数据中建立对应关系，降低计算复杂度，把二者的转换关系计算出来。

为场景和模型三维可视化表示数据构建简化的描述基集，在描述基集中找到对应关系，再映射到全局三维可视化表示数据，由此计算模型到场景的 6 自由度的空间转换矩阵是配准问题的关键。

为了得到被测的场景物体的姿态，把虚拟的 CAD 模型转换成三维可视化表示数据，在场景坐标系统中，把变换后的 CAD 模型 3D 可视化表示数据与场景物体 3D 可视化表示数据匹配，通过匹配，识别场景中出现的物体以及它们的 6 自由度姿态。场景 3D 可视化表示数据和 CAD 模型 3D 可视化表示数据的匹配流程如图 7.9 所示。为了降低参与运算的数据量，对输入的两个 3D 可视化表示数据提取描述基集，获得各自的描述基集，采用 Ransac 的方法对基集进行迭代匹配，去除一些错误的向量对应，估计二者的刚体转换关系，然后再把这个转换关系应用到全局 3D 可视化表示数据，如果二者的匹配误差小于一定阈值，就认为这个匹配成功。

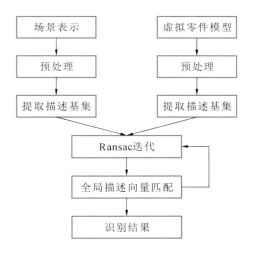

图 7.9　场景 3D 可视化表示数据和 CAD 模型 3D 可视化表示数据的匹配流程

2. 装配目标的识别实现

以高通公司的 Vufroia SDK 引擎开发为例，识别装配目标主要分为四个步骤：打印扫描标识、放置标识、放置装配目标及扫描装配目标。

扫描标识由 Vufroia 软件提供，务必按照其原始大小进行打印，因为此标识用来建立装配目标与其自身坐标之间的相对关系，如果改变标识大小将会影响由 Android 应用程序 Object Scanner 获取的装配目标物理尺寸。装配目标物理尺寸的获取如图 7.10 所示。扫描环境应该尽量保持适度的散射光，在扫描区域内尽可能地保证装配目标表面被均匀照亮，而且不包括其他对象或者人的阴影。如果使用 Android 移动端,可通过应用程序 Object Scanner 对装配目标进行扫描,并生成相应的物体数据文件(object data file)。具体操作步骤如下。

图 7.10　装配目标物理尺寸的获取

(1) 将标识放置在良好的光照环境中,最好将背景设置为灰色;

(2) 将装配目标放置在标识的坐标区域内,再将装配目标的相对坐标原点 $(0,0,0)$ 设定在网格区域的左下方;

(3) 加载应用程序 Object Scanner;

(4) 点击"应用"菜单"＋"按钮,启动一个新的扫描过程;

(5) 扫描过程中通过隆起的坐标轴确保装配目标与坐标轴对齐;

(6) 点击红色按钮,开始扫描,在扫描的过程中不要移动装配目标和标识;

(7) 移动摄像机对扫描物进行 360°扫描,获取的特征点以绿色点表示,当一个表面区域被成功获取时,该区域将会变为绿色,如图 7.11 所示;

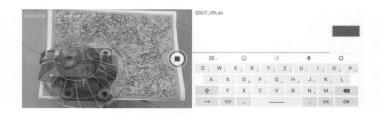

图 7.11　扫描区域获取

(8) 获取一定数量的区域后可以停止扫描,将标识移出摄像机区域;

(9) 按结束按钮结束扫描;

(10) 为扫描文件设定名称;

(11)在扫描物信息页面点击"Test"按钮,进行扫描效果检测,当装配目标被识别到时,将生成一个增强信息(虚拟长方体),如图 7.12 所示。

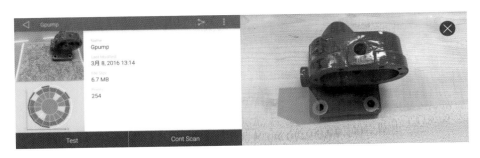

图 7.12　识别结果检测

7.1.4　系统实现

1.零件管理

常见的装配体都是由很多零件组成的,为了调用方便,要对零件进行分层管理。通常把不能拆分的零件作为基本层,而几个零件组合起来具有一定功能的作为部件层。零件和部件相组合,得到一个完整的装配体,如图 7.13 所示。

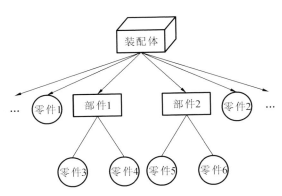

图 7.13　装配体零件层次管理

为了模拟物理特性,对每个需要进行装配操作的零件进行碰撞检测。根据不同的零件结构、形状以及它们的功能,设置相应的碰撞器,如图 7.14 所示。其中,考虑到长轴安装时,可能出现装错方向的情况,长轴设置两个碰撞器,一个是 LBout,另一个是 LBin。

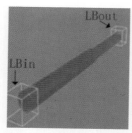

(a) 长轴设置两个碰撞器　　　(b) 齿轮设置长方形碰撞器

(c) 压盖设置药丸式碰撞器　　(d) 螺母设置球状碰撞器

图 7.14　设置零件碰撞器

2. 程序关键代码

以从动轴齿轮和主动轴齿轮的装配为例,部分代码如下。

1) 初始化

```
public GameObject FollowerGear;/* 从动轴齿轮* /

public GameObject PrincipalGear;/* 主动轴齿轮* /

Vector3 posFollowerGear;/* 定义从动齿轮位置* /

Vector3 posPrincipalGear;/* 定义主动齿轮位置* /

void Start(){posFollowerGear= FollowerGear.transform.position;

posPrincipalGear= PrincipalGear.transform.position;}/* 初始化主动齿

轮和从动齿轮位置* /
```

2) 装配姿态求解以及装配碰撞检测

```
void OnTriggerEnter(Collider other)

{

if{

other 不是长轴碰撞器,显示引导信息,提示错误安装位置;
```

```
}
If( other 是 LBout 碰撞器){
系统显示引导信息,提示操作员调整零件的装配方向;
}
else{
Vector3 vecLB,vecJLB; /* 定义 vecLB 为主动轴方向,vecJLB 为泵体方向* /
vecLB= new Vector3(LBout.x-LBin.x,LBout.y-LBin.y,LBout.z-LBin.z);
vecJLB= new Vector3(JLBout.x-JLBin.x,JLBout.y-JLBin.y,JLBout.z-
JLBin.z);
float angle; /* 定义主动轴和泵体的夹角* /
angle= Vector3.Angle(vecLB,vecJLB);
if(angle> 10f)/* 装配角度大于 10 度* /{
系统显示引导信息,提示操作员调整装配角度;
}
else {
系统显示零件装配角度合适,调用零件自动装配函数;
}
}
```

7.2 基于数据手套的车间布局系统的设计与实现

7.2.1 案例的背景与意义

制造车间的布局设计是工业研究的一个重要领域。车间布局设计是将物料搬运设备、制造设备等对象合理地放置在一个有限的生产空间内的过程。传统的车间布局设计系统主要是对生产车间的一些定量的需求(如设备之间的空间利用率以及材料流等)进行最优分析求解,从而提高企业的生产效率,降低生产成本的系统。由于生产车间的一些定性指标(如操作的舒适性、加工的安全性以及布局的美观性等),很难在计算机生成的虚拟环境中表达出来,所以仍然需要进行人工评估。受计算机图形渲染能力的限制,目前计算机渲染出来的虚拟车间还远远无法与真实的车间环境相比,因此,布局方案在计算机中的显示效果与在真实车间环境里的布局效果相比存在很大的差距,设计师很难直观地评价布局方案的定量指标,不能达到真正意义上的所见即所得的设计效果。此外,纯虚拟车间环境一般为了减少计算机的运算压力都会对布局方案进行一定程度的简化处理(包括模型细节的简化等),这些简化以及建模过程中的纰漏都有可能导致布局方案与真实的效果不匹配。

增强现实技术为实现在真实的车间环境中营造一个虚实融合的混合环境提供了思路与方法,其有以下优点。

(1)解决了目前传统的车间布局设计系统中所遇到的瓶颈问题,如难以对定量问题进行直观的表达。

(2)人类通过手势来表达自己的意愿,从操作物体到利用手语表达复杂的含义都可以通过人手完成,将人手应用于人机交互能够最大限度地保证人机交互的效率与自然性。

本实例在增强现实车间布局设计中,采用基于手势的交互方式。由于真实车间环境复杂,考虑到基于视觉的手势识别的限制,本实例采用数据手套和磁跟踪器作为手势输入设备,并使用移动终端作为辅助设计设备。下面将分几个部分对该系统的硬件平台、软件平台、交互语义模型,以及实现过程等方面进行详细阐述。

7.2.2　系统硬件平台设计

本系统硬件平台主要由数据手套、磁跟踪器、头盔显示器、Android 移动终端、服务器等组成。如图 7.15 所示的为系统总体框架,用户的右手佩戴数据手套,头部佩戴头盔显示器,头盔显示器上安装有双目摄像机。在用户双手的手腕部位、右手臂肩关节处及头盔显示器上都安装有磁跟踪器的位置探头。

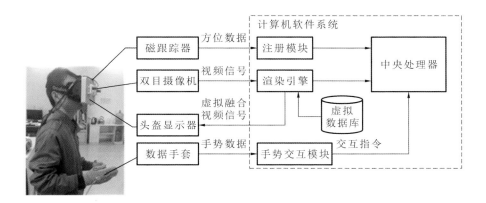

图 7.15　系统总体框架

硬件平台可以分为以下三个部分。

1. 输入设备

系统输入设备主要包括双目摄像机、数据手套、磁跟踪器和移动终端四个部分。

（1）双目摄像机　双目摄像机主要用于提取真实场景的视频帧，为形成一种虚实融合的混合场景提供真实车间的图像数据。双目摄像机模仿人眼立体视觉的原理，可以采样三维立体的视频流，从而在头盔显示器中渲染出立体效果，增加用户的沉浸感。

（2）数据手套　本实例采用的数据手套为 Immersion 公司生产的 CyberGlove 数据手套，该手套有 22 个弯曲传感器，每个传感器的最高精度小于 1°，最大采样频率为 125 Hz。数据手套用于实时提取用户的手势信息，为手势识别提供必要的数据支持。

（3）磁跟踪器　本实例使用的是 Polhemus 公司的 LIBERTY 磁跟踪器，主要包括 3 个部分：主机（system electronics unit，SEU）、发射源（source）、位置探头（sensor）。LIBERTY 磁跟踪器可以同时支持 8 个位置探头，实时探测出每个探头相对于发射源的坐标及角度信息。系统使用了 4 个磁跟踪器位置探头，分别探测用户头部、双手，以及右手臂肩关节相对于发射源的方位信息。方位信息包括空间位置坐标以及相对于发射源坐标系的欧拉角。

（4）移动终端　本系统使用 Android 移动终端辅助用户完成对车间布局的相关操作，如文字备注、方案信息管理等。

2. 数据处理设备

数据处理设备主要包括服务器。服务器为硬件设备提供后台程序支持，进行数据处理分析等。服务器的应用主要包括三个方面：①通过磁跟踪器提供的数据信息完成三维注册，把摄像机采样的视频帧和虚拟模型融合在一起输出到显示设备上，获得一种虚实融合的增强现实环境；②对数据手套采样的手势信息进行处理，识别出当前用户做出的手势，结合上下文推测用户的交互意图；③管理布局方案信息。

3. 输出设备

为了增加用户的沉浸感，本系统采用头盔显示器作为输出设备来显示合成场景。用户通过佩戴头盔显示器等可感觉自己处在一个虚实融合的环境中，虚拟世界和真实世界实时同步，从而产生一种身临其境的感觉。用户在混合场景中进行车间布局操作，大大提高了用户体验的真实感，达到了真正意义上的所见即所得的设计效果。系统采用的是 Oculus Rift 虚拟现实头戴式显示器。与 Sony 传统的头盔显示器最大的不同是，Sony 的头戴显示器是影院模式的，视觉效果是眼前一个矩形屏幕，而 Oculus Rift 显示器显示的则是虚拟实景，完全是一个沉浸式的画面。这能够更加增强用户的沉浸感。这款头戴显示器具有两个目镜，每个目镜的分辨率为 640 像素×800 像素，双眼的视觉合并之后拥有 1280 像素×800 像素的分辨率。

7.2.3　系统软件平台设计

本实例基于上述的硬件平台，设计了相关的软件平台。软件平台的整体架构如图 7.16 所示，共分为以下四个层次。

1. 系统层

系统层是软件平台的基础，包括 Windows 操作系统、OpenGL 图形库（或 D3D）及 IRRLICHT 渲染引擎三个部分。其中，Windows 操作系统为软件平台提供底层支持，提供管理硬件设备以及内存的 API。OpenGL 图形库是计算机图形显示的基础，IRRLICHT 渲染引擎提供方便进行图形显示及控制的软件架构，是对 OpenGL 图形库的再次封装。

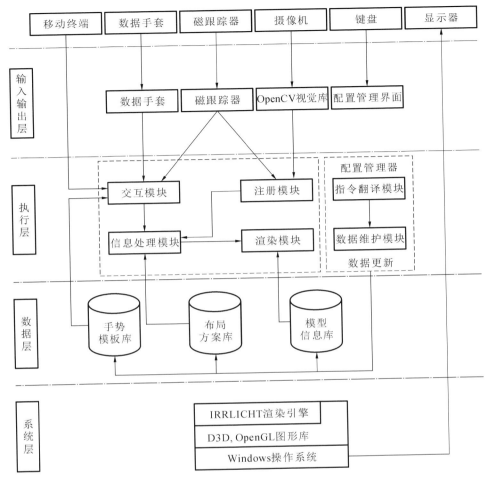

图 7.16　系统整体架构

2. 数据层

数据层保存用户对程序的配置、相关信息（三维模型、二维图片、文字提示）及用户手势模板等信息。根据保存的数据信息来分类，数据层可分为三个不同的数据库，分别是手势模板数据库、布局方案数据库和模型信息数据库。

1）手势模板数据库

本系统采用数据手套采样用户的手势信息，采用类似于模板匹配的方法来进行手势识别，在进行手势识别之前需要建立手势模板数据库。手势模板数据库用于存储用户的手势模板数据，为手势识别提供数据支持。手势模板数据库各字段的含义如表 7.1 所示。

表 7.1　手势模板数据库的字段说明

序号	字段名	含义
1	GestureID	每个手势模板拥有的唯一与之相对应的序号
2	SampleNumber	每个手势模板包含的手势样本总数
3	DataNumber	手势模板中每个手势样本包含的数据个数,即数据手套传感器采样的数据个数
4	GestureData	手势模板的数据,即手势模板中所有样本的数据信息

2）布局方案数据库

布局方案数据库对用户在增强现实环境下设计的车间方案信息进行保存,以便在真实车间布局中作为指导。布局方案数据库用于记录布局方案中的各个模型以及模型的具体位置、角度信息等。真实坐标系和虚拟模型的坐标系通过三维注册结合统一起来,可以获得真实机床在真实车间中的具体位置。按照布局方案数据对真实的布局对象进行布局,可以得到和增强现实环境中相同的布局效果。布局方案数据库各字段的含义如表 7.2 所示。

表 7.2　布局方案数据库字段说明

序号	字段名	含义
1	SchemeID	每个布局方案拥有的与之相对应的唯一 ID 号
2	SchemeName	布局方案所对应的名字,可由用户自由更改
3	SchemeModel	布局方案所包含的所有模型,每一个模型有对应基本信息,模型的信息包括模型的 ID 号、模型的名称、模型的可见性、模型的位置、模型的角度信息等

3）模型信息数据库

模型信息数据库用于保存模型文件以及模型所对应的名称。用户可以在模型数据库中添加车间布局时会用到的各种模型,以便在布局设计中选择车间布局环境,设计出合适的车间布局方案。模型数据库字段说明如表 7.3 所示。

表 7.3　模型信息数据库字段说明

序号	字段名	含义
1	ModelID	每种模型拥有的与之相对应的唯一 ID 号
2	ModelName	模型所对应的名称,可由用户自由更改

序号	字段名	含义
3	ModelPath	模型对应的保存路径
4	ModelType	模型的种类,如制造设备、运输设备等

3. 执行层

执行层是软件平台的核心,负责对各种信息进行综合分析,并最终生成渲染引擎的渲染指令,使渲染引擎渲染出虚实融合的增强现实场景。执行层可分为配置管理器与执行管理器两个部分。执行管理器由如下四个独立模块组成。

1) 交互模块

该模块从数据手套接收用户手势信息的数据流,由相应的算法根据手势数据识别出相应的手势,并结合磁跟踪器获得的空间位置信息及移动终端输入的相关指令,判断出用户的操作意图,最终转化为相应的操作指令并传送给中央处理模块。

2) 注册模块

该模块的主要功能是把摄像机采样的真实车间的视频流和计算机生成的三维虚拟模型结合起来,生成一种虚实融合的环境。真实的车间环境有一个世界坐标系,虚拟的模型环境也有一个虚拟世界坐标系,注册模块要将这两个坐标系结合起来,使虚拟模型和真实环境相匹配。

3) 信息处理模块

信息处理模块为软件平台各种模块提供数据处理功能,各个模块与处理模块相互交换数据,确保整个系统流畅运行。

4) 渲染模块

渲染模块是基于 IRRLICHT 渲染引擎及 OpenCV 视觉库开发出来的,主要用于对摄像机采样的视频帧、三维模型及文字信息进行渲染,实现虚拟信息与真实车间环境的融合显示。IRRLICHT 渲染引擎是一个用 C++ 语言编写的高性能实时的三维引擎,它具有高效、实时等特点,是完全跨平台的引擎,使用 D3D、OpenGL 图形库和它自己的渲染程序。IRRLICHT 渲染引擎框架精悍,渲染效率高,支持的模型格式广泛,主要用于增强现实场景的绘制与管理。OpenCV 视觉库是一个基于开源发行的跨平台计算机视觉库,轻量而且高效,实现了图像处理和计算机视觉方面的很多通用算法。本系统使用 OpenCV 视觉库通过摄像机来采样视频帧,并进行一些必要的图像处理。

4. 输入输出层

输入输出层是软件平台与各种设备相连的接口,同时也为用户提供了相关的配置界面,以方便用户直观地对各个设备进行连接。输入输出层包含各种硬件设备的 SDK 程序,可以通过编程调用 SDK 程序中的函数从而获得所需的数据。

1) 数据手套配置管理器及 SDK 程序

如图 7.17 所示的为数据手套的配置管理器,通过配置管理器可以选择数据手套的连接端口,从而建立服务器与数据手套的连接。此外,在设备管理器中还可以查看数据手套的工作状态,显示数据手套每个传感器的数值,方便地进行相关的调试。

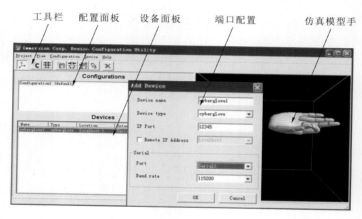

图 7.17 数据手套配置管理器

数据手套通过 VHT(virtual hand toolkit)组件给用户提供统一的编程接口。它包含了开发中所需的完整的类集合和库文件。用户不用关心底层设备的工作方式,直接通过相关的接口函数获得数据。本实例用到的主要类为 vhtCyberGlove 类,可以通过 vhtCyberGlove ∗ glove = new vhtCyberGlove(gloveDict)方法创建。vhtCyberGlove 类的对象可以在设备管理器和客户端应用程序间建立连接。通过 vhtCyberGlove 类包含的方法我们可以方便地获得数据手套每个传感器的输出数值。

2) 磁跟踪器配置管理器及 SDK 程序

如图 7.18 所示的为磁跟踪器配置管理器,通过配置管理器可以对磁跟踪器进行测试。在测试数据显示界面实时刷新显示磁跟踪器的位置探头,获得位置数据。在位置示意图区域显示位置探头相对发射源的位置变化。通过磁跟踪器配置管理器可以很方便地调试及查看位置探头测得的数据。

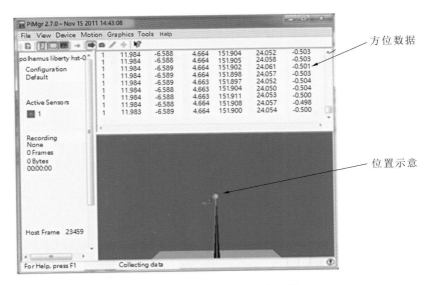

方位数据

位置示意

图 7.18　磁跟踪器配置管理器

磁跟踪器的 SDK 可以提供一些函数接口,以便对数据进行处理。磁跟踪器主要包括 vhtTracker 类,通过方法 vhtIOConn::getDefault(vhtIOConn::tracker)可以获得类的实例化对象。类中包含丰富的方法,可以通过索引获得特定位置探头的位置数据。

3) OpenCV 视觉库

通过 OpenCV 视觉库可以方便地从摄像机获得真实场景的视频图像帧,OpenCV 视觉库还提供了很丰富的函数,可以用于图像处理。对视频采样后可以使用 OpenCV 视觉库的函数进行处理,为信息处理模块提供合适的图片数据。

7.2.4　车间布局的交互语义模型

1. 交互语义模型的结构设计

交互语义模型的结构可以分为物理层、词法层、语法层、语义层四个层次(见图 4.8)。当用户做出手势动作时,交互语义模型逐层地提取交互语义信息,最终判断出用户的交互意图。

2. 交互语义模型的实例化

(1)本实例使用的基本手势为表 4.3 所示的 8 种预定义手势。

(2)手势动作集的实例化。表 7.4 列出了有效的手势变化及其所代表的含义。

表 7.4 手势动作集

手势变化	符号表示	动作含义
	$g_1 \to g_2$	调出模型库或模型库向前翻页
	$g_1 \to g_3$	调出模型库或模型库向后翻页
	$g_5 \to g_4$	添加模型或移动模型
	$g_4 \to g_5$	移动结束
	$g_5 \to g_7$	旋转模型
	$g_7 \to g_6$	旋转结束
	$g_4 \to g_6$	删除模型

7.2.5 车间布局系统的实现

1. 数据手套的校准及手势样本的采样

首先用户佩戴好数据手套并通过数据手套管理器连接好数据手套。如图 7.19
(a)所示,启动程序进入数据手套程序校准界面,点击"开始校准"按钮,开始校准,程
序开始计时。在校准过程中按照程序提示做出相应的手势,30 s 后校准结束。

如图 7.19(b)所示的是采集手势样本的界面。首先做出相应的手势姿态,
然后点击相应的按钮采集手势样本。所有手势样本采集完成后点击"手势模板
建立"按钮,即可生成手势模板库。

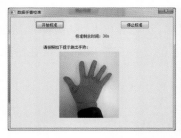

(a) 数据手套的校准　　　　　(b) 手势样本采样

图 7.19　数据手套校准及采样手势

2. 车间布局设计交互的结果

1) 向车间场景添加模型

如图 7.20 所示的为从模型库中选择模型添加到混合场景中的过程，图 7.20(a) 所示的是用户手势由手势 1 变化为手势 2 或手势 3，车间布局场景隐藏模型库显示的结果，模型库位于用户的视线前方。图 7.20(b) 所示的是模型库显示后用户手势由手势 1 变化为手势 2，对模型库进行向前翻页的情况，由手势 1 变化为手势 3 则可对模型库向后翻页。图 7.20(c) 所示的为用户使用右手处发出的射线选择模型库的模型，当射线与模型发生碰撞后该模型被选中，且模型的包围盒显示出来。图 7.20(d) 所示的是用户的手势由手势 4 变化为手势 5，模型被添加到混合车间场景中，添加模型交互过程结束的情景。

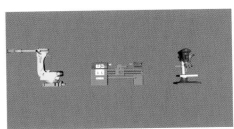
(a) 调出模型库

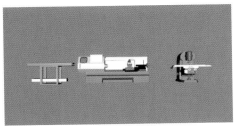
(b) 模型库翻页

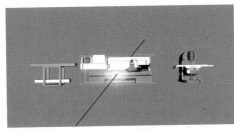
(c) 选中模型

(d) 添加选中模型

图 7.20 添加模型过程

2) 移动模型

如图 7.21 所示的为移动模型的过程。图 7.21(a) 所示的是用户使用射线选中场景中的模型。图 7.21(b) 所示的是用户手势由手势 4 变化为手势 5，对模型进行抓取。图 7.21(c) 所示的是模型随着人手的移动而移动，此时可以通过移动终端对模型移动速率进行设定。整个移动过程就像拿着一根可以伸缩的刚性直杆，直杆一端绑定模型，移动直杆就可对模型进行布置。图 7.21(d) 所示的是用户手势由手势 5 变化为手势 4，移动过程结束，模型被放置到目标位置。

(a) 选中模型

(b) 抓取模型

(c) 移动模型

(d) 移动结束

图 7.21　移动模型过程

3）旋转模型

如图 7.22 所示的为旋转模型的过程。图 7.22(a)所示的为用户通过射线选中混合车间场景中想要进行旋转操作的模型。图 7.22(b)所示的是用户手势由手势 4 变化为手势 6，对模型进行旋转锁定，接下来通过手的运动来实现模型旋转。图 7.22(c)所示的是双手的相对旋转，双手之间的旋转映射到模型的旋转。图 7.22(d)所示的是用户手势由手势 6 变化为手势 4，旋转过程结束。

(a) 选中模型

(b) 锁定旋转模型

(c) 模型旋转

(d) 旋转结束

图 7.22　旋转模型过程

4）删除模型

如图 7.23 所示的为删除模型的过程。图 7.23(a)所示的是通过射线选中想要删除的模型。图 7.23(b)所示的是用户手势由手势 4 变化为手势 5，模型被抓取。图 7.23(c)所示的是模型随着手移动，以上过程和移动模型的过程是一致的。图 7.23(d)所示的是用户手势由手势 5 变化为手势 7,模型被删除。

(a) 选中模型

(b) 抓取模型

(c) 移动模型

(d) 删除模型

图 7.23　删除模型过程

5) 最终的布局效果

如图 7.24 所示的为最终布局的效果图。

图 7.24　最终布局效果图

7.3　正方形标识工具车间布局系统的设计与实现

7.3.1　案例的背景与意义

本实例是以正方形标识作为注册算法的物体与交互工具,制作一个让使用者能够直观、自然、高效地进行车间布局操作的桌面式增强现实应用系统。相对 7.2 节基于数据手套的车间布局系统而言,它具有实现简单、硬件成本低等优点,有利于系统的推广,并可使用相同的技术把增强现实车间布局系统变换成增强现实家装系统。

下面将分几个部分对该系统的设计方案、算法基础以及实现过程等方面进行详细阐述。

7.3.2　系统的设计方案

1. 功能需求分析

增强现实车间布局系统的功能分析图如图 7.25 所示。该系统最基本的功能要求有以下三点。

(1) 虚实融合:向用户提供一个虚实整合的混合环境。

(2) 交互功能:能够拾取模型库内的虚拟设备模型,并把虚拟设备模型通过平移、旋转等方式放置到虚实结合的环境中进行布局。

(3) 布局方案的存取:对布局方案进行读取、修改与保存。

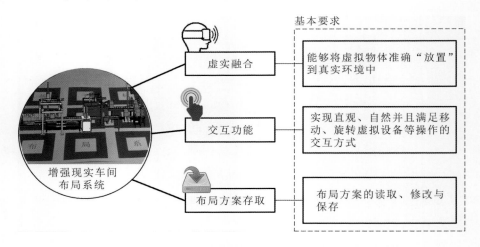

图 7.25　增强现实车间布局系统功能需求分析

2. 系统架构与开发工具

要实现虚拟融合的效果,首先需要知道摄像机的位姿,以便把虚拟模型正确"放置"到指定的位置(即模型的注册);其次需要通过一个渲染引擎把虚拟模型渲染出来。为此,增强现实车间布局系统至少需要包含三个模块,如图7.26所示。

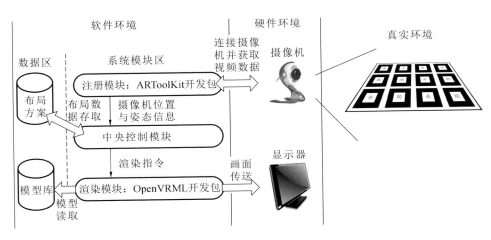

图 7.26　系统主要模块划分

（1）注册模块：用于计算摄像机的实时位姿，以便计算机能够根据摄像机的实时位姿绘制出虚拟模型，实现将虚拟模型正确"放置"到真实环境的效果。

（2）渲染模块：用于对虚拟模型进行渲染并将其显示在屏幕上。

（3）中央控制模块：用于处理所有交互信息，实现人机交互与各模块间的工作协调。

考虑到开发的便捷性，我们采用国外著名的增强现实开源开发包 ARToolKit 实现虚拟模型的空间注册，并通过另一个开源开发包 OpenVRML 实现模型的渲染与显示。开发语言采用 C++语言，代码编写与编译工具采用微软的 Visual Studio 2003。

3. 基于 ARToolKit 开发包的正方形标识的设计

第 3 章曾经提及过 ARToolKit 开发包只有在正方形标识四个角点都没被遮挡的情况下才能正确计算出摄像机的位姿信息。因此，为了避免在车间布局设计过程中由于人手或其他拾取工具对用于注册的标识发生遮挡而导致注册算法失效，在本系统中我们设计一个由 12 个标识组成的多标识纸板作为系统的注册算法所使用的标识，如图 7.27 所示。

由于操作者戴上头盔显示器后，其摄像机到桌面之间的距离为 300～400 mm，如图 7.28 所示，因此，根据 ARToolKit 开发包官方公布的推荐表（见表 7.5），我们将每个正方形标识的边长选为 60 mm，标识之间的间隔为 10 mm。

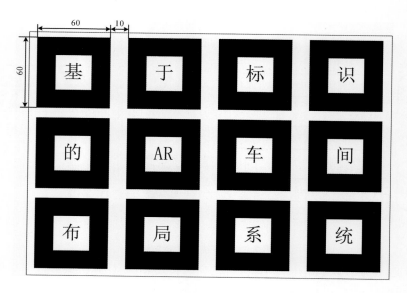

图 7.27　用于注册的多标识纸板

图 7.28　摄像机与工作桌面之间的距离示意图

表 7.5　ARToolKit 开发包推荐的标识大小与可用范围

标识大小/mm	可用范围/mm
69.85	≤406.40
88.90	≤635.00
107.95	≤863.60
187.20	≤1270.00

4. 系统功能区域的划分

整个系统分为两个区域:布局区与模型选择区,如图7.29所示。其中,布局区是允许用户放置虚拟模型进行车间布局设计的区域,它的范围是由"基""于""标""的""AR""车""布""局""系"9个标识所组成的矩形区域。而模型选择区则是在标识"识""间""统"3个标识所组成的矩形区域,在该区域上下两端有两个三角形虚拟按钮,用于上下翻页,以便在选择区内显示更多的虚拟模型。

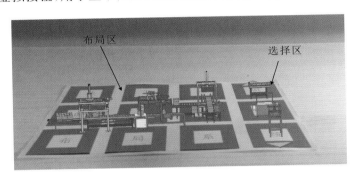

图 7.29　车间布局系统的功能区域划分

5. 交互工具及交互操作方法的设计

增强现实系统可将虚拟世界与真实世界紧密连接在一起,因此,其对虚拟物体的操作方式应尽可能与操作真实物体的方式相一致,确保用户对虚拟世界与真实世界理解的一致性。为此,我们采用以小工具去抓取物体的方式实现物体平移、旋转等操作。小工具的设计如图7.30所示,同样在其上方粘贴一个正方形标识,这样就能够利用ARToolKit开发包的变换矩阵间接计算出工具的空间位置。

(a) 移动工具　　　　　　　　　　(b) 旋转工具

图 7.30　移动工具与旋转工具

1) 移动工具控制设备列表上下翻页的交互方法

在移动工具移动到三角形按钮位置后,三角形按钮变成红色,此时,移动工具在三角形按钮上每停留2 s,就会进行一次翻页(三角形按钮 A 表示向上翻页,三角形按钮 B 表示向下翻页),如图 7.31 所示。

(a) 当移动工具移动到三角形按钮"A"上时，设备列表向上翻页

(b) 当移动工具移动到三角形按钮"B"上时，设备列表向下翻页

图 7.31　移动工具控制设备列表上下翻页的交互方法

2）虚拟物体的选择与移动

当移动工具平移到某一设备模型上时,该设备模型会出现线框标记,表示其已经被选中,移动工具保持当前状态 1 s 后,设备模型自动放置到移动工具正上方,这时候,模型会跟随移动工具的移动而移动,当移动工具将设备模型移动到目标位置时,移动工具向下倾斜,则模型会被放置到目标位置(布局区),如图 7.32 所示。

3）虚拟物体的删除

当移动工具将设备模型放置到布局设计区以外的位置时,模型将会被删除,如图 7.33 所示。

4）虚拟物体的旋转

若需要在布局区内对某一设备模型进行旋转,则可使用旋转工具选中模型,当旋转工具在选中模型后处于静止状态时,模型会绕其自身的 Z 轴进行顺时针旋转,如图 7.34 所示。

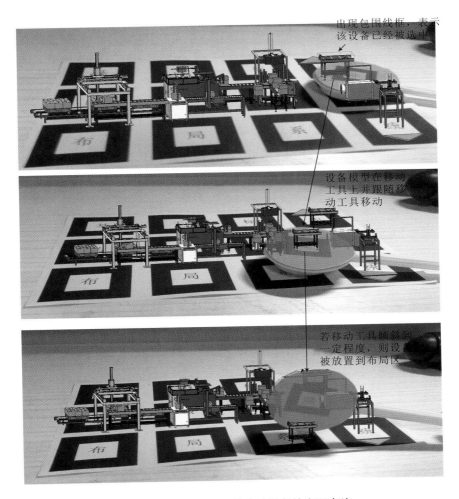

图 7.32　利用移动工具移动设备的交互方法

图 7.33　利用移动工具删除设备的交互方法

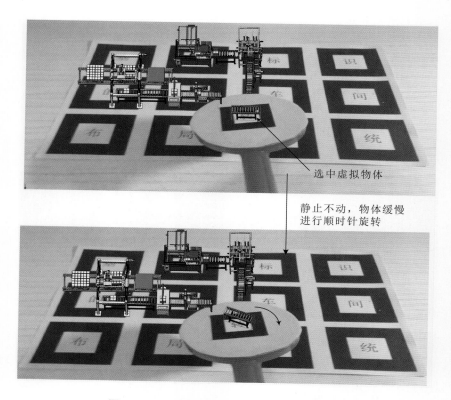

选中虚拟物体

静止不动，物体缓慢
进行顺时针旋转

图 7.34　利用旋转工具对设备进行旋转操作

7.3.3　算法原理

1. 系统世界坐标系的定义

由于 ARToolKit 开发包提供的函数是测量观察坐标系与标识坐标系之间的相对位置关系的(详见 3.2.2 小节图 3.4)，因此，为了简化运算，我们直接把系统的世界坐标系与所设计的标识纸板中的一个标识坐标系重合，其定义如下(见图 7.35)。

(1) 坐标原点为标识纸板中的正方形标识"基"的中心点；

(2) X 轴正方向是从正方形标识"基"的中心点指向正方形标识"识"的中心点的方向；

(3) Y 轴正方向是从正方形标识"基"的中心点指向正方形标识"布"的中心点的反方向；

（4）Z 轴正方向是垂直纸面向上的方向。

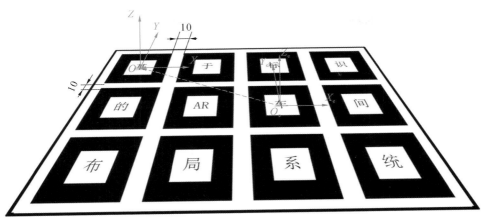

图 7.35　系统世界坐标系的定义

因此，如果 ARToolKit 开发包检测到正方形标识"基"与摄像机之间的变换矩阵，就可以直接得到观察坐标系与系统世界坐标系之间的关系。

2. 其他标识坐标系与系统世界坐标系的换算关系

如前所述，ARToolKit 开发包只能直接得到标识坐标系与观察坐标系之间的变换矩阵。在正方形标识"基"被遮挡后，需要通过其他没被遮挡的标识所计算出来的变换矩阵换算到世界坐标系里。下面以正方形标识"车"为例，介绍换算的过程。如图 7.35 所示，正方形标识"车"的标识坐标系为 $O_e X_e Y_e Z_e$，系统的世界坐标系（以下简称为世界坐标系）记为 $OXYZ$。由于每个标识的边长为 $60\,\mathrm{mm}$，因此，标识"车"的中心点坐标相当于是标识"基"的中心点沿 X 轴正方向平移 $110\,\mathrm{mm}$，沿 Y 轴反方向平移 $70\,\mathrm{mm}$。因此，两个世界坐标系之间的变换关系为

$$
\begin{bmatrix} x_e \\ y_e \\ z_e \\ 1 \end{bmatrix} = \begin{bmatrix} \boldsymbol{R} & \boldsymbol{t} \\ \boldsymbol{0}^\mathrm{T} & 1 \end{bmatrix} \begin{bmatrix} x \\ y \\ x \\ 1 \end{bmatrix} = \begin{bmatrix} 1 & 0 & 0 & 110 \\ 0 & 1 & 0 & -70 \\ 0 & 0 & 1 & 0 \\ 0 & 0 & 0 & 1 \end{bmatrix} \begin{bmatrix} x \\ y \\ z \\ 1 \end{bmatrix} \tag{7.3}
$$

3. 交互方法算法原理

交互方法的基本算法原理可参见 3.3.2 小节。

7.3.4 系统实现

1. 模型的转换与准备

程序对三维模型的位姿的描述实际上是对控制模型自身的固有坐标系(称为模型坐标系)在系统世界坐标系中的位姿的描述。由于模型上的所有点、线、面在模型坐标系的位置值是固定不变的,因此,只要模型坐标系在世界坐标系中的位姿确定,则模型在世界坐标系中的位姿也就被确定了。由此可知,同一个三维模型,如果它的模型坐标系的定义不一样,则即使这个模型在同一世界坐标系下的坐标值是一样的,这个模型的实际显示位置也会不一样,如图7.36所示。

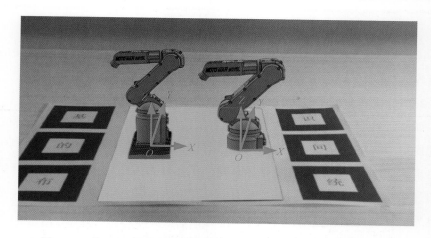

图7.36　模型坐标系定义位置不一样时在同一世界坐标系下的区别

注:左右两个机械手在世界坐标系中的位置均是 $z=0$,但左边模型坐标系原点定义在底座的下平面上,而右边的机械手则定义在底座的中间部分,可以明显看出,左边的机械手被放置在底板上,而右边的机械手则沉到了底板里。

因此,为避免因模型坐标系的定义不一样而对每一个设备进行不同的补偿,需要先对所有三维模型的模型坐标系进行统一化处理。由于在现实世界中,所有设备都是放置于布局区域地面上的,因此,三维模型的模型坐标系原点设置在模型的支撑脚上,这样当设定模型在世界坐标系中的高度值 $z=0$ 时,模型刚好"站"立在布局区域的底板上。同理,为了控制模型在布局区域内旋转,需要将 Z 轴放置于模型的中心线上。

模型坐标系可通过 3DMAX 软件或其他三维建模软件进行调整,下面以

3DMAX 软件为例，介绍模型坐标系的调整步骤。

（1）选择整个模型，并且在 3DMAX 软件的 Hierarchy 面板上选择"Affect Pivot Only"选项，即可看到当前的模型坐标系的位置，如图 7.37 所示。

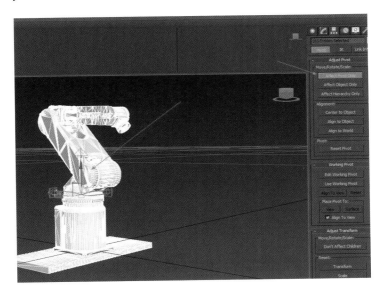

图 7.37　3DMAX 的模型坐标系设置面板

（2）应用平移指令将模型坐标系移动到机械手的底座位置，调整的时候可以通过三视图窗体对坐标系的位置进行判断，如图 7.38 所示。

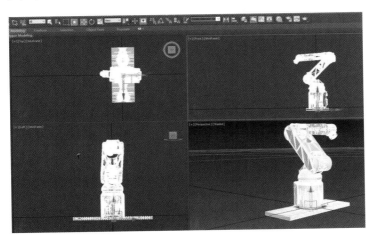

图 7.38　利用三视图移动模型坐标系到底座中间位置

2. 程序关键代码

1）程序初始化及摄像头初始化代码

  ARParam wparam;/* 打开视频路径,若获取不到视频则退出程序,其中 vconf 是摄像机的 ID 值配置文件,通过这个变量可以让程序知道具体要打开哪个摄像机* /

  if(arVideoOpen(vconf) < 0) exit(0);/* 获取摄像机的分辨率信息,若获取不到则退出程序* /

  if(arVideoInqSize(&xsize,&ysize)< 0)exit(0);/* 装入摄像机内参数,若加载失败,则退出程序* /

  if(arParamLoad(cparam_name,1,&wparam) < 0) exit(0);/* 设置摄像机画面大小* /

  arParamChangeSize(&wparam,xsize,ysize,&cparam);/* 初始化摄像机参数* /

  arInitCparam(&cparam);/* 加载标识数据* /

  if((object = read_ObjData(model_name,&objectnum))= = NULL) exit(0);/* 打开图像窗口* /

  argInit(&cparam,1.0,0,0,0,0);

2）标识检测与变换矩阵求解

  ARUnit8 * dataPtr;   /* 开辟一个空间用于保存一个待识别的视频帧* /

  ARMarkerInfo * marker_info;/* 标识的数据信息数组* /

  int marker_num,i,j,k; /* 定义标识数量* /

  /* 获取一帧视频图像* /

  if((dataPtr= (ARUnit8*)arVideoGetImage())= = NULL){

    arUtilSleep(2); /* 休眠 2ms* /

    return;

  }

  /* 绘制视频图像作为背景* /

  argDrawMode2D();

  argDispImage(dataPtr,0,0);

```
/* 获取下一帧视频 */

arVideoCapNext();

/* 检测标识 */

arMyDM= arDetectMarker(dataPtr,thresh,&marker_info,&marker_num);

if(arMyDM< 0)

{

cleanup();

exit(0);

}
```

7.4　体感交互技术在虚拟机器人示教中的应用

7.4.1　案例的背景与意义

机器人已广泛应用于焊接、搬运、喷涂等作业中,其主要任务是替代人力进行高重复性、高危险性劳动。主流的机器人通常需要技术人员根据工艺需求提前设定运行参数与运行路径,这个过程称为示教。现有的机器人示教方式主要分为直接示教和离线示教等两种。直接示教是指技术人员使用示教器直接操作机器人,编制运行路径以及关键点的工艺参数的示教方式。直接示教操作直观,可根据现场情况实时编程,对技术人员的专业水平要求低。离线示教是指技术人员使用仿真软件编制机器人运行程序并在虚拟环境中验证程序的可靠性,最终把程序输入真实机器人进行生产的示教方式。离线示教无须中断现场生产,容易实现路径优化,能够有效促进生产效率。但从总体上来看,现有示教方式仍然是使用交互工具(示教器、鼠标、键盘等)进行单步编程,技术人员无法把想象中的路径快速输入计算机系统中,编程效率得不到有效提高。

体感交互技术是指使用传感器采样人肢体的运动信息并输入控制系统中,控制系统根据传感信息识别手势指令并根据指令执行相应程序的技术。人上肢运动与机器人具有一定的相似性,使用体感交互技术将上肢运动与机器人运动进行映射,可为机器人轨迹编程提供新思路。

本实例以 Kinect 体感传感器为基础,介绍一个基于体感交互的虚拟机器人示教模块实现。该模块能让用户直观、自然地示教虚拟机器人,能完成离线示教的部分工作。

7.4.2　系统设计方案

1. 功能需求分析

基于体感交互的机器人离线示教程序最为基础的功能有以下三个。

(1) 数据采样功能:数据采样可分为用户体感数据采样与使用场景图像采样等两部分,采样所得数据用作用户意图识别与反馈依据。

(2) 交互功能:提供可根据用户动作反馈的虚拟机器人模型与用户实时视频流,让用户能直观理解机器人的示教效果。

(3) 示教数据存储功能:记录并储存机器人的示教数据。

2. 系统架构设计与开发工具

机器人离线示教实例系统架构如图 7.39 所示。本实例是在 Unity3D 游戏引擎下实现的,主要包括四个功能模块。

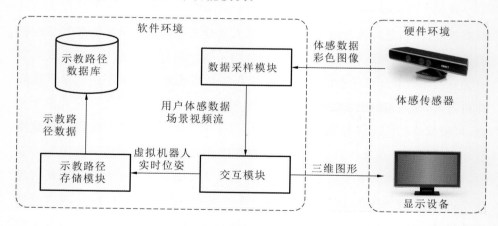

图 7.39　系统架构

(1) 数据采样模块:采样用户体感数据与使用场景视频流,这里使用的体感传感器为微软公司开发的 Kinect 传感器,数据采样功能可以使用微软发布的 Kinect SDK 工具包以及 RF Solutions 发布的 Unity 插件 Kinect with MS-SDK 工具包 1.8 实现。

(2) 交互模块:实例的核心模块,主要实现用户上肢运动与虚拟机器人运动的映射,显示虚拟机器人的运动与使用场景的实时视频流。

(3)示教路径存储模块:满足示教数据存储需求。

3. 交互场景设计

采用 Kinect 传感器进行交互场景设计的基本原则已在 5.3.2 小节提及,本实例结合虚拟机器人示教需求设计的交互场景,如图 7.40 所示。显示设备使用大尺寸投影屏幕,使得用户能轻易接收反馈信息。体感传感器则放置在用户正前方 1~1.5 m 空间内,这样传感器能够完整捕捉用户上肢的位姿信息,并且不妨碍用户观察投影屏。

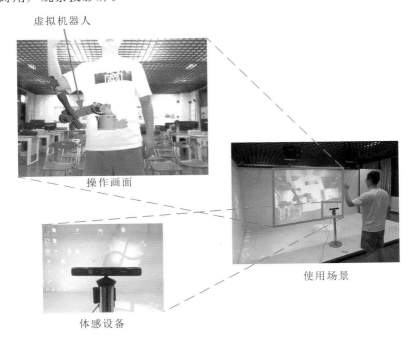

图 7.40 实例使用场景实景图

4. 体感交互方式设计

本实例的交互方式是把左手的运动映射到虚拟机器人的运动,实现用真实的人手控制虚拟的机器人的功能,使用的虚拟机器人如图 7.41 所示。该机器人为六轴工业机器人,其运动方式与人体上肢有一定相似性,可以将人体手部各关节的转动角度映射为机器人各旋转轴转动角度,从而实现用人手动作控制虚拟机器人运动的回路。

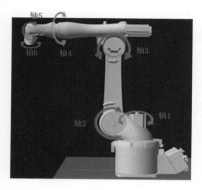

图 7.41　虚拟机器人三维模型

根据 5.3.3 小节关节点信息描述,Kinect 传感器仅能检测肩关节、肘关节和腕关节的运动。其中,Kinect 传感器对肩关节和肘关节的检测比较精确,对腕关节的检测比较粗糙,因此本实例仅使用肩关节和肘关节作为输入量。对于肩关节,Kinect 传感器能检测两个旋转自由度,分别是前后摆动和上下摆动。对于肘关节,Kinect 传感器只能检测肘关节弯曲角度。三个转动角度分别标识为 α、β 和 γ(见图 7.42),分别对应图 7.41 所示的轴 1、轴 2 和轴 3 的转动。

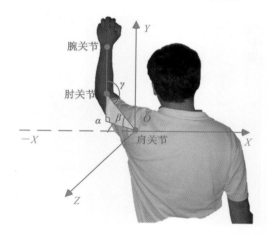

图 7.42　人体上肢关节运动与虚拟机器人转轴映射关系

7.4.3　系统实现

1. 开发环境配置

本实例的开发环境为 Unity 4.6.1 软件和 Visual Studio Community 2015 软件。需要的工具包为 Kinect SDK v1.8 工具包、Visual Studio 2015 Tools for Unity 工具包和 Kinect with MS-SDK 1.8 工具包。Kinect SDK v1.8 工具包为微软官方的 Kinect 开发包,可以使用 C++、C♯、VB 语言开发。Visual Studio 2015 Tools for Unity 工具包同样为微软开发的工具包,安装后可以实现使用 Visual Studio 2015 编写和调试 Unity 内部代码。Kinect with MS-SDK 1.8 工

具包是 RF Solutions 公司开发的，主要内容是把 Kinect SDK v1.8 工具包中的 C++语言部分重新封装为 Unity 工具包的形式。

配置环境时，首先安装 Visual Studio Community 2015 软件和 Unity 4.6.1 软件，读者根据自身需求配置安装路径即可，需要注意的是 Unity 要求软件的安装路径、项目路径与系统用户名都不能有中文字符。然后安装 Kinect SDK v1.8 工具包和 Visual Studio 2015 Tools for Unity 工具包，默认安装即可。

然后启动 Unity 程序，第一次启动会提示创建新项目（create new project），设置好路径后会看到如图 7.43 所示的界面。

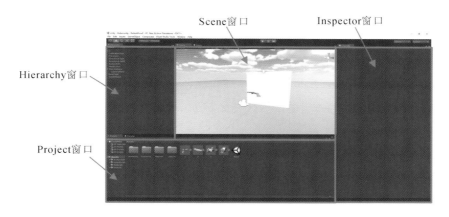

图 7.43　Unity 使用界面

Unity 程序的界面主要包括 Scene、Hierarchy、Project、Inspector 4 个窗口。Scene 窗口用来呈现虚拟场景；Hierarchy 窗口显示的是 Scene 内所有虚拟物体的列表，包括各个物体之间的从属关系；Project 窗口内的是项目文件夹，Assets 文件夹在项目文件的根目录下，存放与项目相关的代码（script）、模型（model）、材质（material）、着色器（shader）等所有文件；Inspector 窗口是与 Hierarchy 窗口关联的，选择 Hierarchy 窗口内的模型，Inspector 窗口会自动显示挂载在该模型下的各种信息，包括位姿、代码、曲面、材质等。

Kinect with MS-SDK 1.8 工具包的安装需要经过 Unity 程序自带的 Asset Store 下载并导入程序，在 Asset Store 搜索插件名称，根据网页与 Unity 程序内的引导即可完成工具包的下载与导入。最后在 Assets 文件夹空白处右击，选择"Import"→"Package"→"Visual Studio Tools 2015"，弹出小窗口后点击"Import"即可完成实例的环境配置。

2. 虚拟场景构建

1）虚拟场景总体设计

在 Unity 程序应用开发中，第一步都需要建立场景（scene）。这里直接修改 Kinect with MS-SDK 1.8 工具包附带的 AvatarDemo 场景。进入 Assets 文件夹下的 AvatarDemo 文件夹，双击该文件夹，打开 AvatarDemo 场景。打开场景后删除 Hierarchy 窗口里的 PlaneGrid、UCharCtrlBack、UCharCtrlFront 和 PointManCtrl。然后在 MainCamera 物体下新建三维平面子物体 CameraPlane，并修改其 Inspector 窗口里的 Position、Rotate、Scale 值，使其位于机器人之后并且正面刚好覆盖游戏画面。CameraPlane 的作用是显示 Kinect 传感器采样的彩色图像，让使用者更容易理解自己的动作。修改后的场景效果如图 7.44 所示。

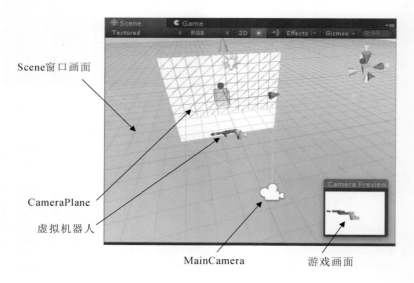

图 7.44　虚拟场景设计

2）虚拟机器人三维模型建立

本实例使用的三维模型建模是在 Solidworks 环境下完成的。首先需要建立一个机器人的三维模型，如图 7.45(a)所示。然后对该模型进行分解，分解的依据是机器人旋转关节的位姿。由于本实例所使用的体感传感器检测精度有限,在这里仅需要对图 7.41 所示的旋转轴进行分解,分解效果如图7.45(b)所示。模型被分解后,需要将被分解的各部分模型保存到单独的文件并转换到 FBX 格式。由于 Solidworks 不支持直接导出 FBX 格式文件,这里可以使用 3DMAX 软件进行辅助。具体步骤是 Solidworks 导出 STL 格式文件,3DMAX 导入 STL 文件并导出 FBX 格式文件。导出的 FBX 三维图形如图7.45(c)所示。

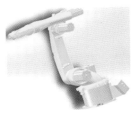  

(a) 机器人三维模型　　(b) 机器人模型分解　　(c) FBX模型效果图

图 7.45　机器人三维模型建模与分解

在 Solidworks 中分解模型并导出为 STL 格式文件需要有一定的技巧,其具体实现方法如下。

(1) 右击 Solidworks 或界面上方标签栏,找到"数据迁移"并点击;

(2) 选中需要分解的部分实体,如图 7.46(a)所示;

(3) 在"数据迁移"栏目中找到"移动/复制实体"命令,使实体向某个方向偏移一定距离,如图 7.46(b)所示;

(4) 重复步骤(2)、(3),分离所有需要分解的实体,如图 7.46(c)所示;

(5) 选中其中一个分离实体,找到菜单栏,点击"文件"→"另存为"命令,格式选择为".stl"格式,保存时,Solidworks 会弹出"输出"窗口,点击"所选实体"→"确定",如图 7.46(d)所示;

(6) 重复步骤(5),直到所有分解实体被导出为止。

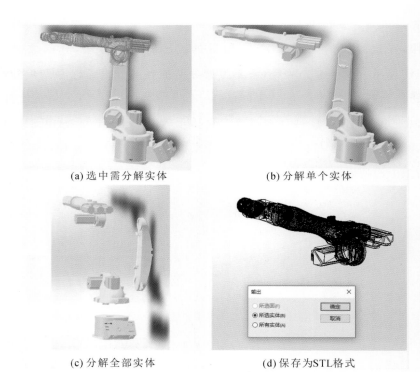

(a) 选中需分解实体   (b) 分解单个实体

(c) 分解全部实体   (d) 保存为STL格式

图 7.46　模型分解与导出 STL 格式过程

3）虚拟机器人运动约束建立

分解后的虚拟机器人部件之间缺乏相互之间的运动约束,需要在 Unity 程序内重新建立。其方法如下。

（1）导入虚拟机器人 FBX 模型。将机器人 FBX 模型从系统内的文件夹拖进 Unity 程序界面内的 Assets 文件夹中。然后将模型从 Assets 窗口拖进 Scene 窗口中,这里需要注意模型存放文件夹路径不能含有中文符号。

（2）建立运动约束。在 Unity 程序内,虚拟物体之间可存在从属关系,父物体的映射变换可整体影响到所有子物体,可根据这种特性建立各机器人部件之间的运动约束,建立方法如下。

① 右击 Hierarchy 窗口下的基础物体,点击"Create Empty"选项,在基础部件下建立一个空物体(Empty)作为基础部件的子物体,在 Inspector 窗口修改空物体的 Position 值,让其在 Scene 窗口内刚好位于基础部件的旋转中心,调整时注意改变 Scene 窗口的观察角度,从多角度观察,确保三维位置的准确性,结

果如图 7.47(a)所示。

② 在基础部件下添加子部件,修改子部件的 Position 值,让其在 Scene 窗口内放置在准确的位置,同样在放置时需要注意调整 Scene 窗口的观察角度,结果如图 7.47(b)所示。

③ 在 Hierarchy 窗口下拖动子部件重叠到空物体上,这个操作是把子部件设置为空物体的子物体,调整后的基础部件、空物体和子部件在 Hierarchy 窗口内的从属关系如图 7.47(c)所示。

④ 逐一添加剩下的两部件,每次添加以上一个子部件为新的基础部件,重复步骤①～③,所有机器人部件添加后即可完成部件旋转中心的坐标调整。

⑤ 经过调整后,各部件之间的相对旋转与真实机器人的运动方式一致。轴1、轴 2、轴 3 对应的空物体为 Axis1、Axis2 和 Axis3,空物体命名将会在下面的程序实现中替代各个旋转轴的名称。

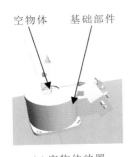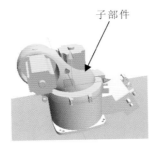

(a)空物体放置 (b)子部件放置 (c)各部件从属关系

图 7.47 模型原点调整过程

模型导入完成后需要在 Hierarchy 窗口中点击最顶层的基础物体,并把脚本 AvatarController(在"Assets"→"Kinect Script"中可找到)拖到"Inspector"窗口下。机器人模型的初始姿态与部件之间的从属关系如图 7.48 所示。图 7.48(a)所示的初始姿态与一般机器人的待机姿态有所不同,这是为了简化机器人关节转动角度的程序实现。

在程序实现时,需要注意虚拟物体的运动与实际机器人的运动的相似之处与区别。相似的是修改某一个空物体的转动角度就能实现空物体下的所有附属子物体转动,例如,转动空物体 Axis1,虚拟部件 1、2、3 与空物体 Axis2、Axis3 都会整体绕 Axis1 转动。不同的是空物体的转动是 3 自由度的,而实际机器人关节转动是单自由度的。

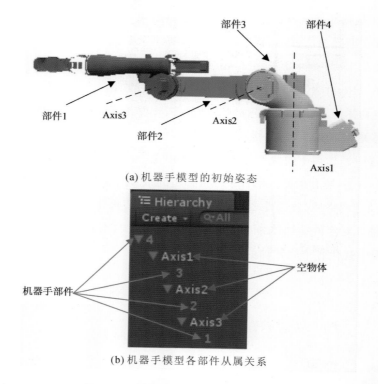

(a) 机器手模型的初始姿态

(b) 机器手模型各部件从属关系

图 7.48　模型初始姿态与部件从属关系

4) 虚拟机器人模型美化

机器人导入完成后应为白色模型,为了美化模型,可对机器人各部件的材质进行修改,图 7.48(a)所示的是修改材质后的效果。具体修改方法如下。

(1) 进入"Assets"→"Materials",空白处右击并选择"Create"→"Material"命令,修改材质名字;在 Inspector 窗口界面点击白色方块,如图7.49(a)所示;然后在弹出的 Color 窗口中选择任意颜色;重复 3 次,得出所有部件所需材质。

(2) 点击"Hierarchy"窗口的任一机器人部件,在"Inspector"窗口点击"Mesh Render"→"Material",找到"Element 0"选项,点击右边小圆圈,如图7.49(b)所示;然后在弹出的"Select Material"窗口中找到刚才建立的材质并点击;重复 3 次完成材质修改。

(a) 材质的 Inspector 窗口内容

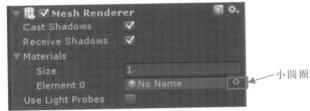

(b) 虚拟模型选择材质

图 7.49　修改机器人部件材质

7.4.4　程序实现原理与要点

本实例程序实现主要手段为修改 Kinect with MS-SDK 1.8 工具包自带的代码,读者需认识 Unity 程序的脚本(Script)执行顺序,这样才能更好地理解以下操作。在 Unity 程序环境下,所有脚本文件都认为是同时执行的,脚本文件之间不存在先后或主从关系。在 Unity 程序项目运行时,每个脚本文件内的特定函数都会自动执行,这些函数主要有两个:Start()函数、Update()函数。Start()函数只在程序运行开始时执行一次;Update()函数在 Start()函数完成后不断重复执行,直到程序结束,这个函数是实现程序功能的主要入口。可以简单地理解为,Start()函数执行程序的准备工作,Update()函数为程序执行的实时工作。

1. CameraPlane 显示 Kinect 传感器彩色图

在本程序中,第一个需要实现的功能是使用 CameraPlane 显示 Kinect 传感器彩色图。具体做法如下。

(1) 在"Hierarchy"窗口点击"MainCamera"选项,在"Inspector"窗口下右击

"Kinect Manager 脚本"→"Remove Component"，移除脚本；再点击"Hierarchy"窗口里的"CameraPlane"选项，接着把"Assets"→"KinecScripts"文件夹下的"Kinect Manager"脚本拖放到"Inspector"窗口里，实现"Kinect Manager"脚本挂载在"CameraPlane"平面下；另外，在"Kinect Manager"脚本里面有多个参数或选项可以调整，这里"Compute Color Map"选项必须勾选，否则不能输出彩色图。其他选项使用默认值即可。

（2）打开"Assets"→"KinecScripts"界面，双击"Kinect Manager"脚本编辑，搜索以下代码段：

```
usersClrRect= new Rect(cameraRect.width-displayWidth,cameraRect.
height,displayWidth,-displayHeight);
```

在该代码下一行添加以下代码：

```
renderer.material.mainTexture= usersClrTex;
```

目的是把 Kinect 传感器彩色图数据与 CameraPlane 的材质进行绑定。renderer. material. mainTexture 为当前挂载物体的贴图，在这里即为 CameraPlane 的贴图。usersClrTex 为 Kinect Manager 定义的变量，存放的是 Kinect 传感器彩色数据。

（3）打开"Assets"→"KinecScripts"，双击编辑"Kinect Wrapper"脚本，搜索以下代码：

```
int ind= pix;
```

这里"ind"为 Kinect Manager 彩色数据索引，"pix"为 Kinect 传感器原始彩色数据索引。将该代码修改为如下代码：

```
int ind= pix+ (Constants.ColorImageWidth-1)-2 * (pix % Constants.
ColorImageWidth);
```

目的是将彩色图像做垂直翻转，让用户感觉到图像中物体的运动方向与真实环境一致，仿佛在面对镜面做动作。Constants. ColorImageWidth 为彩色图像宽度，单位为像素。

2. 虚拟机器人交互设计实现

第二个需要实现的功能是根据交互设计实现对机器人的控制。为了减少对 Kinect with MS-SDK 1.8 工具包源代码的修改,这里直接修改虚拟机器人控制代码 AvatarController,使其能控制虚拟机器人的运动。下面仅介绍主要步骤,具体的代码修改可参考附件 Unity 程序项目压缩包 RobotShow 里面"Assets"→"KinectScripts"→"AvatarController"脚本。

添加以下全局变量:

```
public TransformAxis1;/* 轴 1 转动变换* /

public Transform Axis2;/* 轴 2 转动变换* /

public Transform Axis3;/* 轴 3 转动变换* /
```

添加该全局变量后,需要绑定变量与虚拟物体,具体操作方法为在"Hierarchy"窗口点击"CamraPlane"选项,然后在"Inspector"窗口修改绑定在顶层基础部件下的"AvatarController"脚本的选项,如图 7.50 所示。实现绑定后,"AvatarController"脚本就能控制虚拟机器人各从属部件间的相对转动,从而实现机器人的运动。

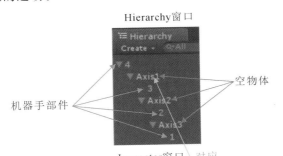

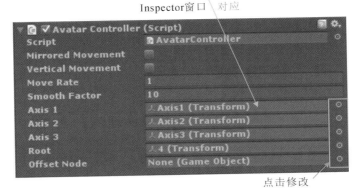

图 7.50 变量与虚拟物体绑定

机器人运动代码是在 AvatarController 脚本下的 UpdateAvatar（uint UserID）函数里实现的。UpdateAvatar（uint UserID）函数只是一个普通函数，并不会被 Unity 程序自动执行，但会被 Kinect Manager 中的 Update（）函数调用，因此 UpdateAvatar（uint UserID）函数也能被 Unity 程序循环执行。

从 7.4.2 小节可以知道，本实例交互方式是把人手运动映射到虚拟机器人运动中，所以交互程序的实现原理就是计算手部的运动角度并把该数据赋予空物体的转动属性。

下面以轴 2 的转动实现代码为例介绍计算原理：

```
/* 计算轴 2 转动角度* /
float axis2YAngle;/* 定义转动角度变量，单位为°* /
/* 由于 Unity Transform 类的转动函数 Rotate 仅支持-180°至 180°的输入，因
此需要判断手肘是否高于肩部，高于肩部角度为正数，低于肩部角度为负数* /
if(d1.y> 0.0f)
{
    Axis2YAngle= Vector3.Angle(d1,d);
}
else
{
    Axis2YAngle= -Vector3.Angle(d,d1);
}
/* 读取旧的转动角度 oldRotation[1]，并使用新的转动角度 axis2YAngle 减去
旧的转动角度，得出转动增量，然后把增量赋予轴 2 变换 Axis2。机器人的每个转
轴仅能以某一方向作为旋转中心，这里轴 2 的旋转中心为 Y 轴，因此转动变量设置
为 Vector3(0.0f,axis2YAngle-oldRotation[1],0.0f)* /
    Axis2.Rotate(new Vector3(0.0f,axis2YAngle-oldRotation[1],0.0f));
    /* 记录当前转动角度* /
oldRotation[1]= axis2YAngle;
```

这里读者可能会感到困惑，为什么不能把转动角度直接赋予 Tranform 而使用增量方式赋值，这是因为 Unity 虚拟物体的 Rotation 值（可在 Inspector 窗

口下查看)计算方法与用户观察的不一致,直接修改容易出现不符合想象的结果,而采用增量赋值则不会出现这种情况。

7.5 基于 HoloLens 的布线辅助系统的设计与实现

7.5.1 案例的意义与背景

线束设备的布线与插接是现代工业生产的重要环节。目前重大线束装备的线束排列和插接通常采用人工方式来实现,工艺人员根据工艺卡片的指示来进行排列和插接,这些工艺卡片主要通过技术文档的文字解释说明,以及平面 CAD 设计图纸图示说明。但这种工艺卡片一般用于只有单层布线要求的对象,随着机电设备装备的复杂度提高,线束装备所需要的部件和电路连接线束也不断增加,线束的排列和插接已经由平面单层发展成三维多层,仅依靠工艺卡片的文字和图纸说明,已经不能有效指导生产操作;同时,由于线束装备中接插头分布不均匀、接线线束形状不规则、多维线束排列不统一等因素而无法指定规范的操作工艺,这易使在实际生产中产品装备不合格。因此借助增强现实可视化技术进行直观的三维展示是布线装配指导的新方向。

以大型基站天线板为例,在天线板布线工艺中,不仅电线的漏接、错接会导致设备运行障碍,各电线间的电磁效应也会影响天线板性能。为了保证正常生产任务,提高防呆效率,通常要求操作员娴熟掌握插线技巧和技术。虽然新员工可以通过老员工的帮带培训和指导学习,了解掌握操作技术和工业需求,但在现场的装配作业中,由于操作熟练度的不同,新员工很难做到保证线束按照相同的布线和层次排列一致。这种操作的不一致性将为后期的检查和维护带来很多困扰,不仅会增加生产时间成本,同时也会降低产品的良品率。利用增强现实技术进行布线装配指导主要要解决以下几点问题。

(1) 支持无标识的工作场景。由于工业装配场景复杂,工件表面不易安置人工标识,且装配员肢体会造成不规则遮挡,头戴式增强现实布线装配系统不能采用传统的标识注册方式。

(2) 实时监测的几何一致性控制。天线板布线装配中,底板由手工运输放置至工作台上,且在布线过程中也会出现旋转、平移等位移情况,因此必须同步支持虚拟模型的位移，使得用户视野中的虚实模型实时同步。

（3）自然化的交互支持。布线装配中涉及"下一步""返回"等业务逻辑，在增强现实环境下应支持操作人员使用手势、语音等方法完成交互，避免使用键盘、按钮等额外硬件设备。

本实例即采用微软公司新型增强现实头盔 HoloLens 进行基站天线板布线辅助系统的设计与实现。下面将分几个部分对该系统的硬件系统、软件平台、交互设计，以及具体实现等方面进行详细阐述。

7.5.2　系统的设计方案

1. 功能需求分析

对增强现实布线辅助系统，最基本的功能要求有以下三点。

（1）虚实融合：利用叠加虚拟模型的方式向用户提示应如何走线安装。

（2）交互功能：能够以语音、手势等自然方式进行交互，完成"翻页""返回"等业务逻辑。

（3）空间布局存取：能够对空间场景进行构建及记忆，使得系统能够在不依赖标识的前提下保持虚拟模型的注册安置。

2. 系统架构与开发工具

针对实际应用需求，该系统的硬件架构如图 7.51 所示。

其中 AR 显示设备采用微软 HoloLens 眼镜，头顶摄像头用于全局监控，连接摄像头的图形工作站用于辅助虚实融合配准。从图 7.51 中可以看到，布线辅助系统采用在头顶架设摄像头的方式进行全局监控，根据摄像机拍摄到的 HoloLens 眼镜与目标天线板图像，确定眼镜、天线板、镜头三者的位置与姿态关系，实现真实世界坐标系与虚拟物体坐标系到观察坐标系的转换，最终完成真实与虚拟的配准，使得在成像坐标系中能够准确展示、叠加信息。

布线辅助系统软件框架采用 Unity3D 引擎，将设置好的虚拟场景和相应的程序脚本发布成 UWP（Universal Windows Platform）工程，再利用 Visual Studio 将工程部署至 HoloLens 平台上，实现跨平台的软件部署。由于系统中涉及的相关视觉算法大都是基于相对成熟的 C++ 算法库进行开发的，例如 ARToolKit 增强现实开源包以及 OpenCV 视觉算法库，而 Unity3D 引擎主要是利用 C♯ 作为脚本语言，因此本系统在集成这些视觉算法时将这些库及相关功能函数封装成了托管库(.dll 文件)作为工具资源,以便在 Unity3D 中通过 C♯脚本对这些模块进行功能调用。

在 Unity 程序跨 UWP 的开发架构上,基于 C♯开发的属于高级语言层,我们在这层上实现摄像机调用获取视频帧、场景融合、模型渲染、交互等诸多功能,与这些功能实现相关的脚本实现会被解析成 CIL(common intermediate language,通用中间语言)语言指令集。CIL 语言和封装的托管库(.dll)合称为中间语言层,其执行于 Native 层之上,Native 层包含了类库层和

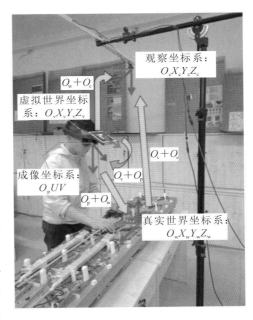

图 7.51　系统硬件架构

Linux 内核层,通过汇编/机器语言进行编写。因此本系统软件的整体架构如图 7.52 所示。

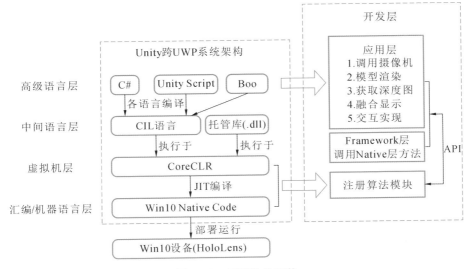

图 7.52　系统软件架构

系统整体流程如图7.53所示。通过离线进行摄像机标定、标识模板库建立，以及线束装备自然特征点建立，将摄像机捕捉的视频帧经过视觉算法库进行与先验知识检测匹配，将获取得的数据传输至注册算法模块，算法模块对数据进行融合运算，将头戴显示设备相对目标装备的位姿矩阵发送给头戴计算平台，进行渲染显示。如果用户触发交互系统模块，事件触发相应的渲染反馈，其中初始化注册、空间映射、场景保持、交互事件、模型渲染等为在线部分。从而完成增强现实辅助布线虚实融合的整个场景。

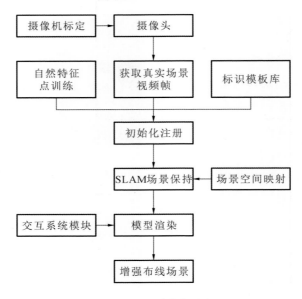

图7.53　系统执行流程

注册模块：注册模块的主要功能是实现工作场景内的大范围无标识移动增强现实特征提取与位姿解算，对虚拟模型的放置位姿提供支持。首先，在系统初始化阶段对摄像头进行标定，获取摄像头的内部物理参数，然后分别根据预先训练的目标天线板模板特征解算获取当前帧下天线板相对头顶摄像头的位置与姿态；另一方面通过视觉人工标识的模板库匹配获取当前帧下HoloLens眼镜相对头顶摄像头的位置与姿态，然后通过对相关单应性矩阵关系的转换，最终估算得到HoloLens相对目标线束装备的位姿矩阵，实现AR眼镜视野内的真实物体与虚拟物体实时对齐。整体流程如图7.54所示。

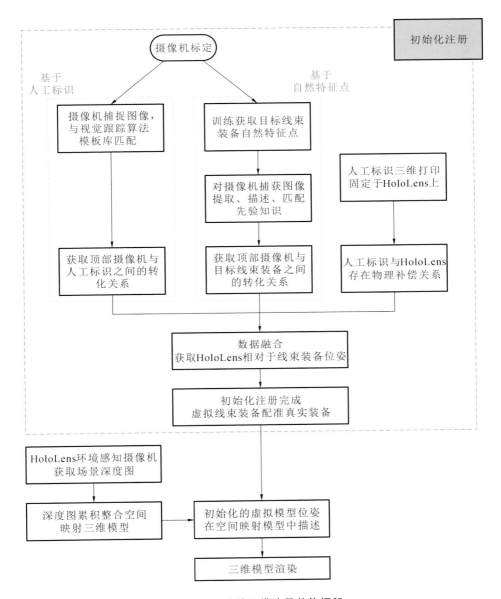

图 7.54 系统三维注册总体框架

交互模块：交互模块主要控制步骤模型的切换以及对应的菜单效果展示。针对虚拟对象的拾取对射线凝视展开研究与实现，对虚拟对象的操纵采用了手势、语音结合的实现方案。根据线束装备布线工艺和规划设计了菜单交互内容，将凝视、手势、语音等交互手段应用于 UI 菜单按钮，实现了布线的流程。交互模块结构如图 7.55 所示。

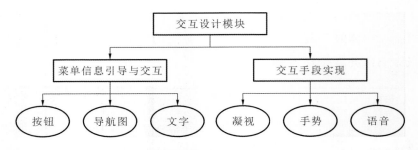

图 7.55　交互设计模块

7.5.3　系统实现

1. 基于 HoloLens 眼镜的 SLAM 与空间场景保持

HoloLens 眼镜配有四个环境感知摄像机,左右两边各两个,从图 7.56 所示的 HoloLens 眼镜硬件层面拆解图可以看到。通过对这四个环境感知摄像机捕捉的实时画面进行采样分析,保证了 HoloLens 眼镜可覆盖的视角范围在水平方向和垂直方向都达到了 $120°$。HoloLens 眼镜的视觉 SLAM 技术应用也是以这四个摄像机作为硬件载体基础进行展开而实现的。

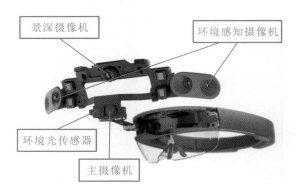

图 7.56　HoloLens 眼镜硬件拆解

HoloLens 眼镜的四个环境感知摄像机由于位置不同,因此它们各自捕捉的场景是有一定偏差的,边缘的两个摄像机分别能拍到最左和最右的场景,不同的两个摄像机之间根据图像对齐可以得到相同的场景部分。HoloLens 眼镜借助四个环境感知摄像机在某一时刻获取四张不同角度的真实场景的数字图像,四个环境感知摄像机又在物理上有两两不同的基线距,因此根据立体视觉(stereo vision)技术可知,由任意两个摄像机的图像像素点数据和真实场景物体上某点之间构成一个三角形,根据已知的基线距和像素点信息便可求解获得公共视野中物体的三维尺寸以及空间物体该点的三维坐标信息,即摄像头获取真实场景的深度信息图,如图 7.57 所示。

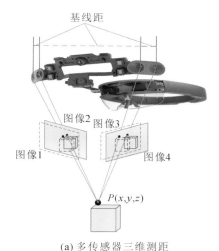

(a) 多传感器三维测距

(b) 深度图示意

图 7.57　利用立体视觉技术获取深度图

　　获取真实环境在特定帧下的映射后,在室内移动 HoloLens 眼镜,获取不同角度一系列连续的深度图,不断迭代,累积不同的深度图,分析整合后建立精确的环境模型,即 SLAM(simultaneous localization and mapping)过程。如图 7.58所示的是在 Device Protal 三维 View 界面中观测实验环境 SLAM 扫描映射得到的房间模型。

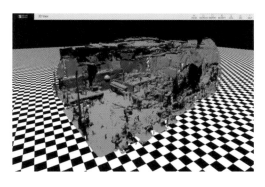

图 7.58　HoloLens 眼镜扫描的房间模型

在 HoloLens 眼镜完成对室内环境的扫描后，可以将映射得到的三维模型通过 Device Protal 控制台保存下来，并导入到 Unity 引擎中，进行模型空间的表面处理，如图 7.59 所示的为图 7.58 所示映射得到的模型在 Unity 引擎中观测到的加载信息。

图 7.59　映射模型导入 Unity 引擎中

将房间映射得到的三维模型导入到 Unity 引擎中后，就摆脱 Unity 引擎与 HoloLens 眼镜之间的数据的反复交换，只需要在 Unity 引擎中就可以完成对空间数据处理的工作。同时，在同一工作场景下，即可利用预先扫描的实时三维场景作为统一的世界坐标系，用于场景保持及虚拟模型注册，图 7.60 所示的为构建世界坐标系后对虚拟模型进行放置的结果。

Shader渲染
空间映射网格

虚拟模型配准
真实装备

图 7.60　虚拟模型在空间映射下的注册效果

构建场景三维模型后，HoloLens 眼镜同时支持对自身在当前场景下的位姿测算，因此在不同角度进行观测，都能够确保模型稳定渲染，不因观测角度变化出现漂移现象。辅助布线系统多角度观测的效果如图 7.61 所示。

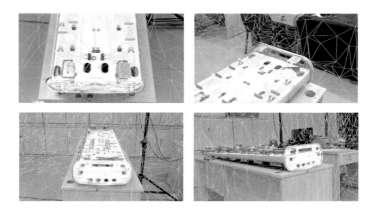

图 7.61 场景保持多角度验证实验图

2.虚拟物体的快速选择和定位

在增强现实虚实融合的场景中,用户的行为往往不止停留在观测上,还需要对模型或者交互信息进行碰撞触发,以此针对用户操作意图进行下一步信息引导。传统的基于微机或者手机移动终端的增强现实系统是通过观察二维显示平面,借助鼠标、触摸屏进行模型选取的。而基于 HoloLens 眼镜的布线指导系统中,采用凝视来实现目标模型的选择,如图 7.62 所示。

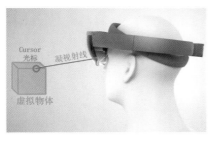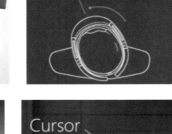
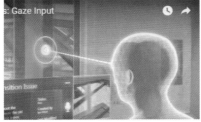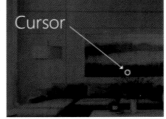

图 7.62 凝视选择交互对象与光标指示器

对于光标,不同的外观和场景设置,会给予用户不同的观感和有效信息提取。因此系统对于光标设计有以下原则。

(1) 始终存在。光标始终存在于用户头部摆动过程中的凝视射线上,保证用户不会因无凝视状态反馈产生"迷茫感"。

(2) 规模设定。光标大小不能大于可用目标,便于用户轻松与引导内容进行交互和查看引导内容,并且应当能根据凝视距离的不同应用柔和动画缩放光标大小。

(3) 无方向性。指向性(例如传统光标是箭头)容易给用户产生错误的信息,因此光标外形的设置应采用无方向性形状,系统用圆环形状光标。

(4) 颜色透明度。为了指向明显,光标的设计为透明度低、颜色鲜艳。

同时为了用户能得到更好的信息反馈,我们设计光标在虚实融合场景中与不同的对象发生碰撞以及结合用户的交互操作,产生不一样的外观显示效果,系统的光标设计效果如表7.6所示。

表 7.6　光标不同状态反馈

显示外观	表达含义
	用户凝视不可交互全息对象,例如真实空间映射平面
	用户注视着空中,射线不与任何的虚拟对象产生碰撞
	用户凝视的对象允许进行点击交互操作
	用户凝视的对象可以进行 Y 轴向的移动
	用户凝视的对象可以进行 X 轴向的移动

光标的显像是根据凝视射线决定的,因此在系统程序实现角度上,光标总是与摄像机发出的射线垂直的,但这样并不能完整有效地显示用户选中的操作目标物体,如图7.63所示。因此系统设计光标对齐功能并通过拥抱虚拟物体的表面实现强调显示效果,其实现原理是:模型表面放大后是由许多三角面片组

合而成的,摄像机调用 Physics.Raycast 发出射线,与模型表面上某点交合,RaycastHit 结果返回得到模型上该点的位置参数,光标的渲染位置由交点在虚拟空间中的位置三维度赋予,同时游标的朝向与该交点 Z 轴朝向相同,其实现伪代码如下:

```
RaycastHit hitInfo;
if(Physics.Raycast(headPosition,gazeDirection,out hitInfo)){
    /* 渲染开启* /
            meshRenderer.enabled= true;
    /* 交点决定游标空间位置* /
    this.transform.position= hitInfo.point;
    /* 光标朝向与 Z轴平行* /
    this. transform. rotation =  Quaternion. FromToRotation ( Vector3. up,
hitInfo.normal);
        }
```

通过如上的 Z 轴位移及渲染操作即可实现视觉上的贴合与强调效果,如图 7.64 所示。加深渲染的效果表明用户已经选中了该虚拟对象,清晰的视觉特效提高了用户在执行选择操作时与该元素交互的信心,同时虚拟游标也对真实场景空间映射的表面进行贴合,这样的视觉线索进一步提高了真实和虚拟之间的一致性。

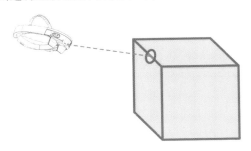
图 7.63　光标未贴合模型表面

图 7.64　游标贴合模型表面

3. 基于手势及语音的虚拟物体控制

在凝视实现选取操作的交互对象后,HoloLens 眼镜对于虚拟物体的控制可以通过手势识别来实现,如图 7.65 所示。HoloLens 眼镜的手势识别采用了 TOF(time of flight)技术,相对于另外两种主流的技术方案:结构光(structure light)和多摄像机成像(muti-camera),就计算方面而言,TOF 技术的三维手势识别是最简单的,不需要计算机视觉算法的相关计算,TOF 技术有着更加快速的刷新功能,同时在扫描方面也有更好的精度效果表现。

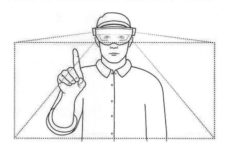

图 7.65　HoloLens 手势操纵

手势操作在空间中不需要提供精确的位置,只要满足手势在红外传感器的映射范围内捕捉得到即可。HoloLens 眼镜目前有两个核心组件手势指令,分别是 Air-Tap 和 Bloom,其操作指令如表 7.7 所示。

表 7.7　HoloLens 手势指令

指令名称	具体操作	表达含义
Air-Tap		对模型或触发按钮点击, 类似鼠标点击或选择功能
Bloom		返回到系统"开始"菜单

图 7.66　语音交互示意图

语音识别控制是 HoloLens 交互中另一种主要输入形式。语音输入通过一种自然的方式对用户操作意图进行传达,用户只需要凝视着意图操控的对象并结合预设好的语音模型指令即可实现交互,如图 7.66 所示。

本系统将语言输入也集成到了虚拟模型控制的交互模式中,通过关键字识别(keywordrecognizer)实现应用上的语音输入,对菜单中各个功能按钮设置一系列对应的监听字符串指令,HoloLens 的传声器硬件对用户的口语表达进行识别,以此触发交互按钮上的事件,达到交互效果,实现对"上一步""下一步""返回"等基本语音的支持。

4. 菜单设计

传统软件系统菜单显示建立在微机显示器或者移动端触摸屏的二维图像坐标系上,菜单的文字信息和按钮固定于像素点的 OUV 生效值。但增强现实空间中的菜单显示不同,虚拟菜单在空间中任一角度均可以进行观测交互,而非固定于一帧的角度上。本系统根据系统框架和操作步骤设计了二级菜单,第一级是应用初始菜单,第二级是布线过程中的交互菜单,两个层级菜单的锁定形式和说明如表 7.8 所示。

表 7.8 系统层级菜单的锁定形式

菜单层级	锁定形式	说　明
第一级	追随锁定	降低用户茫然感,保证用户置于房间内任一朝向都能顺利找到交互入口
第二级	物理环境锁定	工位在车间固定,用户操作范围有限,固定的方位易于养成用户交互习惯

本系统的第一级菜单中,工作情景是用户第一次进入系统,尚未利用算法框架进行三维注册,或者完成注册后再次进入使用,此时虚拟模型都还未渲染显示,因此该层级菜单采用跟随锁定用户视野的方案,设计定义为用户提示注册及对空间锚特性的使用,该层级菜单具体的功能按钮的含义如表 7.9 所示。

表 7.9 第一级菜单的定义与功能

按钮名称	功　能
检测注册	启动算法框架进行三维注册模型配准
保存锚	根据初始注册位置,设定模型空间锚
使用锚	加载空间锚,保障再次进入时便捷
开始工作	开始布线指导,隐藏此第一级菜单

根据追随锁定的距离,确定第一级初始化菜单面板的大小,面板设置为半透明背景,以便文字和按钮的良好显示,菜单设计的效果如图 7.67 所示。

点击"检测注册"按钮,开启通信模块,服务器通过摄像机进行视觉算法检测,根据三维注册框架将最终的位姿信息通过通信传输

图 7.67 第一级初始化菜单设计图例

给 HoloLens 端,实现 HoloLens 眼镜上显示虚拟模型的配准效果。

用户根据观测到的虚拟线束装备与真实线束装备的对齐情况,在得到良好的效果后,点击"保存锚"按钮,空间映射下的虚拟模型设置有"空间锚",便于再次进入时直接点击"使用锚"按钮,简化框架注册过程。

对于"使用锚"按钮,如果用户在框架算法注册完成后没点击"保存锚"按钮,其默认是灰色且无碰撞体不可交互的。因此只有用户正确点击"保存锚",系统检测到 WorldAnchorStore 被设置后,"使用锚"按钮才生效,可交互,该系统也会给予用户在点击"使用锚"按钮后反馈信息。

在已实现保存锚后,此时用户可直接点击"开始工作"按钮,此时第一级初始化菜单将会隐藏,在注册配准的虚拟线束装备上会对应出现物理环境锁定的第二级布线引导交互菜单。

系统的第二级菜单是用户布线过程中的引导菜单,菜单设计包括步骤切换交互按钮、当前步骤接线位置的二维图像导航、当前布线完成程度等信息。其中该层级菜单具体的功能按钮含义如表 7.10 所示。

表 7.10　第二级菜单的定义与功能

按钮名称	功能
主菜单	隐藏虚拟线束板和该菜单,返回第一级菜单
重新布线	对于任何步骤,点击"重新布线"从第一步骤开始引导
上一步	引导信息从当前步骤跳转到上一个接线步骤
下一步	引导信息从当前步骤跳转到下一个接线步骤

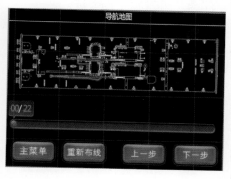

图 7.68　第二级布线交互菜单设计图例

为了导航图和文字按钮信息的展示,背景同样设置为半透明,菜单设计效果如图 7.68 所示。

其中导航图的设置是为了在装备接线长度过大时,在切换后引导用户可以很快找寻到当前步骤的大致接线起始位置,减少用户的迷茫感和减少时间浪费。同时其进度条可标识用户当前的接线进度以及插接线束剩余步骤数目。

　　菜单采用物理环境定位锁定的方式,根据用户实际操作的视野,设计菜单面板的尺寸、摆放高度、倾斜角度,以及显示距离,经过多次实际调整后第二级菜单相对虚拟线束装备(也是真实线束装备)的摆放位置如图 7.69 所示。

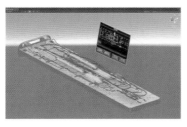

正视角度

俯视角度

侧视角度

图 7.69　第二级菜单的放置效果示意

　　完成交互界面设计与虚实模型配准后,即可在 HoloLens 眼镜视野内看到导航面板与虚实叠加的布线指导,实现虚拟按键交互、语音交互、布线信息提示等功能,其效果如图 7.70 所示。

(a)菜单交互界面

虚拟线束
(b)虚拟线束叠加显示

装配信息提示
(c)卡口装配状态提示

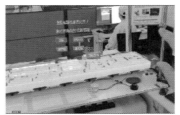
(d)虚拟按键手势交互

图 7.70　运行实例展示